めんどうなことしないうまさ極みレシピ

激烈美味しいストレスなし103品

只看一眼就會煮

免秤量　　免菜刀　　免剩食　　免開火

4 大類食譜任你挑!

24萬粉絲加持的JOE桑。圖解 **103** 道美味料理!

JOE桑。著　　許郁文 譯

「什麼自己煮！！！太麻煩了啦！！！」
本書要獻給所有嫌麻煩而懶得在家開伙的人。
如果走進廚房的門檻低一點，烹飪的快樂是不是就多一些呢？
「連這個都不用的話……」
我抱著這樣的想法所設計的美味食譜正是——

用不著每次都秤量，
不想洗量匙、量杯……

獻給懷抱這種 **夢 想** 的你

「免秤量」食譜

直接倒入食材與調味料就完成

光想到要拿出砧板、菜刀，
還得把食材切得整整齊齊
就不想煮了啦……

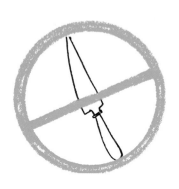

獻給 **想 躲 懶** 的你

「免菜刀」食譜

食材根本不用切，不然就是直接用手撕，
或是頂多用廚房剪刀剪成塊而已

番茄罐頭還剩半罐，
該怎麼處理才好啊……
用量只要1/2的話，
到底該拿剩下的食材
怎麼辦呢？

獻給**不想浪費**的你
「**免剩食**」食譜

主食材用光光，不再出現放到過期或爛掉的問題

清理瓦斯爐很麻煩耶……
而且只要爐火開著，
就必須釘在廚房，
一步也不能離開……

獻給想**馬上**煮好飯的你
「**免開火**」食譜

有效率地利用時間，放著不管也不怕

本書將介紹各種省時、省工、省麻煩的食譜，
幫你輕鬆解決上述4項料理難題！

1 「免秤量」食譜

CONTENTS

2 「免菜刀」食譜

順手做　絕品馬鈴薯沙拉4選

3 「免剩食」食譜

4 「免開火」食譜

順手做 **蛋白這樣用食譜4選**

事先準備！

只要有這些，
就能吃到好料！

//

只要備妥主食材+下面這些調味料，就能煮出本書介紹的**60**道料理！

建議常備的調味料　看看廚房裡有沒有!!

☑ **砂糖**

砂糖的種類不在少數，建議選用日本「上白糖」或「白砂糖」，因為這類糖經過精製，怪味會跟著消失，比較適合用來調味。

☑ **鹽**

鹽可分成「粗鹽」、「食鹽」、「岩鹽」等，基本上選用哪種都沒問題，本書使用的是超商就有的「食鹽」。

☑ **奶油**

不諳料理的人可使用10公克裝的市售奶油塊。假設要用大塊奶油，可選購包裝上有10公克刻度線的種類（→P12）。

☑ **日式美乃滋**

製作馬鈴薯沙拉的必備良品，是能簡單調出濃醇滋味的調味料。如果要加熱使用，就不要選用低卡路里的種類。

☑ **法式高湯塊**

做西餐就要用這個，分成高湯粉與高湯塊，本書使用的是不需另外秤量的高湯塊。換算起來「1塊高湯塊」等於約「2小匙高湯粉」。

☑ **雞高湯粉**

做中華料理就用這個。只要用了雞高湯粉，料理風味就大致抵定，再來只要用辛香料或麻油提味就能煮出佳餚。

主食材+這些調味料，幾乎可以煮出本書介紹的所有菜色！

事先準備好就能煮出更多樣料理的調味料

☑ **味醂**

能讓料理多些甜味與光澤的調味料，記得要買「本味醂」，而不是「味醂風味調味料」。

☑ **柑橘醋醬汁（AJIPON）**

這種調味料通常用來當火鍋的沾醬，但也會用在熱炒或湯品。想要來點清爽的風味時，用這個準沒錯。

☑ **日式燒肉醬**

烹調時建議使用以水果或蔬菜為基底的燒肉醬，多層次的風味能一口氣提升料理的美味。

☑ **日式高湯粉**

市面上較有名的是「烹大師」等商品。不管原料是柴魚還是昆布都可以，本書使用的是柴魚風味。

☑ **柴魚片**

這是削成片的柴魚。建議買小包的比較不會放太久而變質。本書使用的是2.5公克裝的小包裝。

☑ **白芝麻粉**

可用來增加口感與香氣，但容易走味，所以建議買小包裝。

☑ **白熟芝麻**

除了增添風味還能替料理增色，如果覺得另外準備很麻煩，可直接用芝麻粉代替。

☑ **七味辣椒粉**

除了讓料理增添微微的辛香味，還能點綴色彩並去除肉類的腥味。

☑ **起司粉**

1小撮就能讓料理多點鹹味與起司綿滑的口感。務必放在冰箱保存。

☑ **太白粉**

以等量到2倍量的水調開再加熱，就能用來勾芡，很適合用在醬汁較多的熱炒或湯品。

☑ **辣油**

起鍋前滴個1、2滴，調出微辣鮮香的滋味，鮮豔的紅色還能讓偷吃步的料理看起來尊爵不凡。

☑ 胡椒

本書使用超商也買得到的小罐胡椒，一般分成粉狀與顆粒狀，請視情況使用。

☑ 粗研磨黑胡椒

建議另外準備一瓶有別於胡椒的粗研磨黑胡椒。在收尾的時候撒點黑胡椒，不僅可以提升風味，還能讓料理看起來更可口。

☑ 橄欖油

太過精挑細選會沒完沒了，所以本書推薦的是「初榨橄欖油」，可以大幅提升料理的風味。

☑ 管狀蒜泥

如果有得選的話，建議使用愛思必（S&B）的「本生」蒜泥醬。價格實惠，即使每天煮飯，用兩週也沒問題。

☑ 管狀薑泥

購買管狀蒜泥時不妨一併入手，薑泥的價錢與蒜泥差不多，有得選的話，建議使用好侍（HOUSE）的「特選本香」生薑泥。

☑ 麻油

麻油的種類很多，本書使用的是超市買得到的「角屋（kadoya）純正麻油」。我試過很多款，最後還是改回這種。

☑ 醬油

日本醬油有薄口、濃口及其他種類，本書使用的是「濃口醬油」，也就是一般的醬油。如果無法從外觀判斷種類，建議看看背後的成分標籤。

☑ 麵味露

麵味露有1到4倍濃縮的種類，本書使用的是3倍濃縮。可依個人喜好挑選柴魚或昆布風味。

☑ 酒

酒可以去腥、增加鮮味，可說是能在各種料理中大展身手的知名綠葉。請選購標示「清酒」而非「料理酒」的產品。

居家常備利器

罐頭　不妨趁超市促銷時囤貨！

☑ 水煮鮪魚罐頭

本書使用的是70公克裝的產品。若買到的是油漬鮪魚，請先瀝油，再加入約1又1/2大匙的水調開。

☑ 味噌鯖魚罐頭

不同廠牌的產品內容量各異，建議選購150～180公克的種類。

☑ 水煮鯖魚罐頭

與味噌風味差在只有加鹽調味，所以用途相對較廣。一樣選購150～180公克的為佳。

☑ 番茄罐頭

分成整顆與切塊兩種，大家不妨記住「整顆燉煮，切塊熱炒」這個口訣，就能輕鬆選購。

☑ 水煮蛤蜊罐頭

或許價格高了一點，但真的洋溢著滿滿的當令風味，鐵質等營養素也很豐富，值得推薦。

☑ 午餐肉

濃縮了肉類的甘甜、油脂與鹹味，一罐就能搞定調味。

料理塊與泡麵

☑ 咖哩塊

每戶人家的咖哩風味各不相同，所以選購自己喜歡的即可。咖哩塊通常分成4塊或6塊裝，本書所說的「1塊」，是指4塊裝當中的1塊。

☑ 料理塊

這種料理塊還分成塊狀與顆粒狀，本書使用的是塊狀的燉牛肉與白醬風味產品。

☑ 泡麵

市面上有油炸、非油炸和類似生麵的產品，我則推薦口感接近生麵、能讓湯頭變得更美味的日清「拉麵王」與東洋水產「小圓正麵」。

烹調用具

/////////////////////////

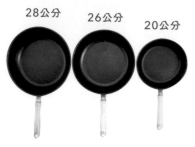

☑ 平底鍋

除了炒菜之外,煮義大利麵或麵線的時候也很好用。最好能準備三種不同大小的平底鍋,如果沒辦法,只用直徑20公分跟26公分這兩種也可以。

☑ 保鮮盒

選用方便微波烹調的大小。本書使用的是1100毫升的正方形保鮮盒,也可以用其他的容器代替,但加熱時間就要調整。

☑ 湯鍋

若能準備單柄鍋跟雙耳鍋,就能煮出更多種菜色。要是只想買一種,那麼煮2人份的料理單柄鍋就夠用了,如果會煮到3人份則建議買雙耳鍋。

☑ 耐熱玻璃缽

依照本書的食譜,建議使用直徑20公分以上的產品,而且一定要是可微波的「耐熱」材質。金屬或塑膠材質不適合微波加熱,所以建議選購玻璃材質。

☑ 量匙

日本的話,百元商店的商品就很好用,但建議選購平底的量匙,才能穩穩放在桌上,可以更從容地做菜。連這些小地方都考慮周到的話,肯定會讓人更喜歡烹飪。

☑ 量杯

量杯也是買百元商店的就好,但不妨選購從上方就能看到刻度的產品,相對省事,免得為了判斷刻度老是要舉著量杯或彎腰。

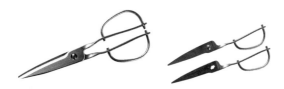

☑ 迷你刮刀

建議選購矽膠材質的小型刮刀,最推薦的是「LEC」這個牌子的產品。雖然稍貴,但其實非常划算,建議至少準備一支,用途如下:

· 材質柔軟,可依照瓶罐的底部變形,將每個角落都刮乾淨。

· 利用刮刀把平底鍋的底部刮乾淨之後,鍋子會變得很好洗。

· 可以用來炒菜,也能拿來開易開罐。

☑ 廚房剪刀

在本書中,廚房剪刀出場的頻率與菜刀可說是不相上下,建議選購可拆式剪刀,這樣一來就算肉末或蔬菜卡在接縫,也能拆開來洗乾淨。

這該怎麼辦呢？
不再有半路卡關的困擾！！
///////// // ////

取出酪梨種子

酪梨連皮用菜刀切成兩半後，將菜刀的「刀跟」插入種子，用力把種子扭出來，接著再用手剝掉外皮即可。

壓碎蒜頭

蒜頭壓碎後會散發香氣。將菜刀刀腹擺在蒜頭上，接著用手掌加壓，利用全身的重量壓碎蒜頭。如果怕被割傷，可用砧板或是瓶罐底部這類又硬又平的物品來壓。

切珠蔥

不妨先用菜刀或廚房剪刀將珠蔥切成蔥花，放入保鮮盒後放進冷凍庫保存備用。

切除菇類根部

從根部變色的部位下刀即可。若手邊有廚房剪刀，就可以用來代替菜刀。

火候

瓦斯爐的火要是大於鍋底，不僅會燒壞鍋子，熱傳導的效率也不好，只會「浪費瓦斯」而已。

小火

火舌未碰到鍋底

中火

火舌碰到鍋底

大火

火舌沿鍋底擴散

常讓人一頭霧水的食譜數字與分量

義大利麵100公克

大部分的義大利麵都是一把100公克,但如果是散裝的義大利麵,就需要秤一下重量。要是手邊沒有電子秤,就如圖所示,將義大利麵塞滿寶特瓶的瓶口,這樣大概就是100公克的分量。

1小撮是多少?

1小撮就是用拇指、食指與中指捻起的分量,一般來說是1公克左右。

一整塊奶油該怎麼量出10公克?

本書中會標示要使用「10公克」奶油,這時如果仔細看,會發現包著奶油的鋁箔紙上面有10公克的刻度線,依照這個刻度線將奶油切成小塊使用即可。

粉類的1/2大匙與1/2小匙

其實直接目測也沒關係,但如果想精準一點,可以先撈1平匙,將小刀插入量匙裡撥掉1/2的量,要取1/4的量也是同樣的步驟。

微波爐的瓦數換算

本書使用的是600W的微波爐。如果手邊的微波爐是500W,請自行將加熱時間乘以1.2倍,如果是700W,則乘以0.8倍。

如果覺得計算很麻煩,可以參考下面這張粗略的換算表。

500W	600W	700W
1分10秒	1分	50秒
1分50秒	1分30秒	1分10秒
2分20秒	2分	1分40秒
3分	2分30秒	2分
3分40秒	3分	2分30秒
4分50秒	4分	3分20秒
6分	5分	4分
7分10秒	6分	4分50秒
8分20秒	7分	5分40秒
9分40秒	8分	6分20秒
10分50秒	9分	7分10秒
12分	10分	8分

※不同廠牌跟型號的微波爐特性各異,使用時需視情況調整加熱時間。

1瓣大蒜約等於7～10公克

所謂「1瓣」大蒜，就是從整顆大蒜剝下的1小瓣。日本國產的大顆蒜頭1瓣大概是10公克，其他國家產的則約7公克。「1顆」大蒜在買來尚未剝皮的狀態下會有6～8瓣左右。不管大顆或小顆的蒜頭，都可用於本書的食譜。

1顆

1小塊生薑
約等於10公克

拇指第一指節的大小大約就是1小塊生薑的分量，應該有不少人對它比1瓣大蒜還大感到很驚訝吧。

1小塊

管狀蒜泥與薑泥的換算

管狀蒜泥的風味較薑泥持久也較濃郁，所以使用新鮮的大蒜與生薑時，大蒜的量要少一點。
※說到底這只是根據我個人的經驗得出的算式，但應該還滿方便換算的。

新鮮大蒜1瓣（7～10公克）＝管狀蒜泥擠出3～4公分
＝管狀蒜泥約1小匙

生薑1小塊（10公克左右）＝管狀薑泥擠出8～10公分
＝管狀薑泥1大匙

※管狀調味料的香氣比新鮮的還容易揮發，所以本書中都盡可能在烹調的後半段加熱後才加，這一點要特別注意。

大家可能不知道，即使單位都是「1瓣」或「1小塊」，大蒜與生薑的分量還是不同。這是老師傅們訂出來的規則，如果大蒜與生薑的分量相同，蒜頭的風味可能會太強烈。不過管狀蒜泥的風味較持久，薑泥的風味則較容易揮發，所以就分量而言，薑泥要比蒜泥多2～3倍才好，不過這種管狀調味料的用量，充其量也只是根據我自己的經驗。

麵味露的濃縮度
與食譜記載的不同時

本書使用的麵味露是3倍濃縮的種類，如果手邊的是2倍濃縮，請自行乘以1.5倍，如果是4倍濃縮，則乘以0.75倍。此外建議選購濃縮度較高的，比較耐放。

※不同品牌的麵味露風味各異，自行選購符合口味的即可。

如果覺得計算很麻煩，可以參考下面這張換算表。

2倍濃縮	3倍濃縮	4倍濃縮
1又1/2小匙	1小匙	3/4小匙
1大匙	2小匙	1又1/2小匙
1又1/2大匙	1大匙	3/4大匙
3大匙	2大匙	1又1/2大匙
75毫升	50毫升	35毫升
150毫升	100毫升	75毫升
225毫升	150毫升	115毫升
300毫升	200毫升	150毫升

本書的使用方法

/// //////////////////////////////////

只要備妥食材，再看著照片調理——就這麼簡單。

Point 1

馬上知道
接下來要放哪一項食材。
不會弄錯時間點

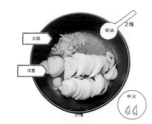

Point 2

一眼看出火候與加熱時間。

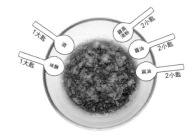

Point 3

可依照片上的標記
由上而下依序放入食材，
或是順著箭頭指示加入，
又快又方便。

若是在同一時間加入的調味料，會依先「粉末」後「液體」的順序記載。
由上而下依序加的話，比如先加雞高湯粉再加醬油，就不用另外洗量匙了。

然後，就大快朵頤吧！

- 書中記載的火候僅供參考，因為各家廠牌的家用瓦斯爐或IH電磁爐的火力都不同，所以請視情況調整火候與加熱時間。
- 肉類與魚類料理要仔細確認有沒有煮熟。
- 利用微波爐加熱時，請依說明書選用耐熱的容器。
- 本書不贅述洗菜的步驟。如果是帶皮的蔬菜，只要沒寫「去皮」，就都是連皮一起烹調，馬鈴薯或胡蘿蔔這類食材則可視個人口味決定是否去皮。
- 沒寫「蓋上鍋蓋」的步驟就不用蓋鍋蓋。
- 1大匙為15毫升、1小匙為5毫升、1杯為200毫升。

- 書中記載的烹調時間以事前準備到完成為準。
- 書中標示的「幾人份」僅供參考，請根據飢餓的程度來決定煮多少。
- 書中的醬油使用的是一般醬油，砂糖使用的是上白糖，奶油則是使用有鹽奶油。
- 書中選用的是1.6公釐粗的義大利麵。若以微波爐加熱1.8公釐以上的義大利麵，請自行調整加熱時間。
- 電烤箱以1000W的機種為準。

1

「免秤量」

食譜

「自己煮好麻煩！！」
老實說，做菜時要秤出精準的分量真的很麻煩。
本章食譜中使用的是200毫升的盒裝牛奶、
蔬果汁、法式高湯塊、番茄罐頭等食材，
全都只要打開再倒進鍋裡就搞定！

濃醇美味！雞翅咖哩飯

切生肉很討厭對吧？清洗時要格外仔細，接著要切蔬菜也很麻煩。
所以這裡要介紹的是不太動到菜刀的咖哩，而且也不用秤量喔。
什麼？你說洋蔥？哎，只有這個需要點耐心啦。

2 人份

20 分鐘

材料

· 雞翅…4隻
· 洋蔥…1顆
· 蔬果汁
　…1盒（200毫升）
· 水…〔蔬果汁
　容器1杯量〕

· 咖哩塊…2塊
· 奶油…2塊（20公克）

1

將洋蔥切成薄片。

2

洋蔥　奶油　2塊

中火

將奶油放入平底鍋，加熱至融化後，放入洋蔥，炒到變軟為止。

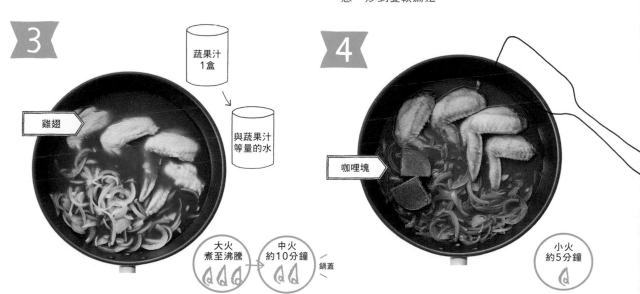

3

蔬果汁 1盒

與蔬果汁等量的水

雞翅

大火煮至沸騰　→　中火約10分鐘　鍋蓋

將雞翅、蔬果汁、〔蔬果汁容器1杯量的水〕倒入鍋中，以大火煮滾後，蓋上鍋蓋，用中火悶煮10分鐘左右。

4

咖哩塊

小火約5分鐘

轉成小火，加入咖哩塊，持續攪拌約5分鐘，直到呈現濃稠的勾芡感即可。

免秤量

主廚等級的燉牛肉風味燴飯

這道料理實在是簡～單到不行，臨時有客人來的話我都會做，
結果下次去對方家，人家也做了一樣的回敬，
還一副是他自己想出來的樣子──這道料理就是這麼簡單！

· 午餐肉…1罐
· 洋蔥…中型1顆
· 番茄汁
　　…1盒（200毫升）
· 牛奶
　　…1盒（200毫升）

· 法式高湯塊…1塊
· 奶油…1塊（10公克）
· 白飯…2碗
· 配料：香芹末2小撮

1

將洋蔥切成薄片。

2

將奶油放入平底鍋，加熱至融化後，放入洋蔥，炒軟後再加入午餐肉。

3

拌開午餐肉。

4

加入番茄汁、牛奶、法式高湯塊後，持續攪拌，同時以中大火煮10～12分鐘，直到收乾湯汁為止。
在盤子裡添飯，再盛入平底鍋裡的菜餚。

菠菜、奶油、培根三大神器，這麼經典的組合要煮得難吃可不容易呢。

香氣濃郁的菠菜拌飯

材料	**2** 人份	**8** 分鐘

- 菠菜…2把
- 半塊大小的培根…4片
- 奶油…2塊（20公克）
- 鹽…2小撮
- 白飯…2碗

1

\保鮮膜 /
微波
2分鐘

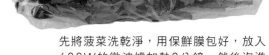

先將菠菜洗乾淨，用保鮮膜包好，放入
600W的微波爐加熱2分鐘，然後泡進
水裡，再撈出來瀝乾水分。

2

將1與培根切成0.5公分寬的大小。

3

鹽 2小撮

奶油 2塊

培根
白飯
菠菜

\保鮮膜 /
微波
1分鐘

將白飯、鹽、奶油、2倒入耐熱缽，封好
保鮮膜，放入600W的微波爐加熱1分
鐘，拿出來趁熱拌勻。

有沒有收乾豆漿湯汁都好吃！放太久會凝固，所以要趁熱吃喔。

豆漿擔擔拌麵

///

1 人份

12 分鐘

材料

- 醬油口味泡麵…1包
- 無糖純豆漿…1盒（200毫升）
- 管狀薑泥…5公分
- 管狀蒜泥…2公分
- 珠蔥…2根
- 辣油…2滴

1

豆漿 1盒

水分減至一半左右

中火

將豆漿倒入鍋中，以中火加熱至收乾一半為止。

2

附帶的湯包 半包

管狀薑泥 5公分

管狀蒜泥 2公分

拌入半包泡麵附的湯包、薑泥與蒜泥。

3

依照包裝建議的時間煮熟泡麵後，用篩網撈起來盛盤。淋上2，撒上用廚房剪刀剪的蔥花，再淋2滴辣油即可。

這是用平底鍋煮義大利麵，再把麵湯瀝乾，用同一支鍋子製作醬汁的懶人料理。

圓潤綿密的番茄奶油義大利麵

1
人份

10
分鐘

材料

・義大利麵…1把（100公克）
・番茄汁…1盒（200毫升）
・牛奶…1盒（200毫升）
・法式高湯塊…1塊
・奶油…1塊（10公克）
・管狀蒜泥…4公分

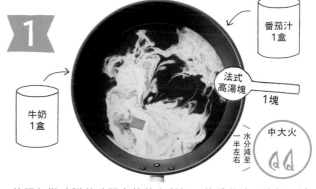

番茄汁
1盒

牛奶
1盒

法式
高湯塊
1塊

中大火

水分減至一半左右

依照包裝建議的時間煮熟義大利麵。將番茄汁、牛奶、法式高湯塊倒入平底鍋，以中大火煮至沸騰，接著繼續煮，直到湯汁收乾一半為止。

管狀蒜泥
4公分

奶油
1塊

小火

轉成小火，拌入奶油與管狀蒜泥。

倒入1的義大利麵拌勻。

鹽蔥爽口鮪魚義大利麵

//

免秤量

1 人份　**14 分鐘**

材料

· 義大利麵…1把（100公克）
· 長蔥（蔥綠）…1/2根
· 鮪魚罐頭（非油漬）
　　…1罐（70公克左右）
· 水…〔鮪魚罐頭容器3杯量〕
· 法式高湯塊…1塊
· 管狀蒜泥…2公分

1

以斜刀將長蔥切成薄片。

2

義大利麵

鮪魚罐頭
↓
罐頭容器
×3的
水量

法式
高湯塊
1塊

微波
包裝建議時間
+3分鐘

將義大利麵對折放入耐熱容器，加入法式高湯塊、鮪魚
罐頭（連同湯汁）和〔鮪魚罐頭容器3杯量的水〕，不
包保鮮膜，放入600W的微波爐加熱，加熱時間為包裝
建議時間再加3分鐘。

3

長蔥

管狀
蒜泥
2公分

拌入長蔥與管狀蒜泥。
※若使用油漬鮪魚罐頭，記得要先瀝油，
還要多加20毫升的水。

23

免秤量

酪梨培根蛋

女性朋友口中「讓人想婚的料理第一名」！
聽說要是男友在假日早晨將這道料理與吐司一起帶到床邊，
就會讓人萌生想結婚的念頭。敬請笑納～

2 人份

10 分鐘

材料

· 雞蛋…2顆
· 進口酪梨…1顆
· 半塊大小的培根…8片
· 鹽…2小撮
· 粗研磨黑胡椒…2小把

 1

酪梨切成兩半，去掉種子，切成1公分寬。

 2

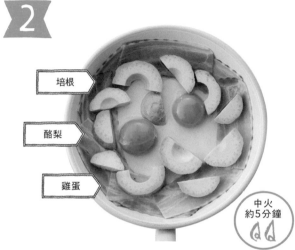

培根

酪梨

雞蛋

中火
約5分鐘

將培根與酪梨排在平底鍋鍋緣，再將雞蛋打在中間。不蓋鍋蓋，以中火加熱5分鐘左右，直到培根變得酥脆為止。

3

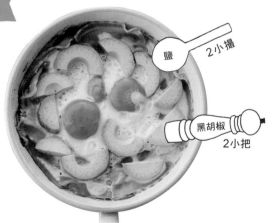

鹽
2小撮

黑胡椒
2小把

在料理表面均勻撒上鹽與粗研磨黑胡椒。

※若是比較容易黏鍋的平底鍋，可以先淋上一層沙拉油。

如果喜歡吃半熟蛋，
就不用蓋鍋蓋，
如果喜歡吃全熟蛋，
則請蓋上鍋蓋。

濃縮番茄鮮味的
茄汁雞翅小腿

雞翅小腿與番茄實在太對味！
每次端出這道菜，都像是在宣揚「雞翅番茄邪教」一樣。
身為傳教士的我認為，改用等量的雞腿烹調一定也很好吃。

3 人份

25 分鐘

材料

- 洋蔥…1顆
- 大蒜…2瓣
- 鴻喜菇…1棵（150公克左右）
- 奶油…2塊（20公克）
- 雞翅小腿…5～6根
- 番茄罐頭（整顆）…1罐

Ⓐ
- 水…〔番茄罐頭容器 1杯量〕
- 法式高湯塊…2塊
- 鹽…1小撮
- 胡椒…2小把
- 配料：義大利香芹

1

將洋蔥切成薄片，蒜頭切末，鴻喜菇切掉根部再拆散。

2

奶油 2塊

大蒜

洋蔥

中火

將奶油放入平底鍋，加熱融化後，倒入1的洋蔥、大蒜，以中火炒軟。

3

雞翅小腿

中火

加入雞翅小腿，炒到表面變色為止。

4

胡椒 2小把

鴻喜菇

鹽 1小撮

法式高湯塊 2塊

番茄罐頭 → 與番茄罐頭容器等量的水

大火 煮至沸騰 → 中火 20分鐘

將番茄罐頭、〔番茄罐頭容器1杯量的水〕、Ⓐ和1的鴻喜菇加入鍋中，以大火煮滾後，轉成中火繼續煮20分鐘左右，記得偶爾攪拌，以免煮焦。

免秤量

午餐肉豆腐

突然很想吃麻婆豆腐，可是沒買絞肉……
「哎！不是還有午餐肉嗎！」於是立刻拿出來煮。
最後雖然煮成了別道菜，但還是很好吃喔！

- 午餐肉…1罐
- 板豆腐
  …1塊（300公克左右）
- 長蔥…1/2根
- 大蒜…2瓣
- 生薑…1小塊
- 法式高湯塊…1塊
- 粗研磨黑胡椒
  …2小把

材料

1

將大蒜、生薑、長蔥切末，板豆腐切成3～4公分見方的塊狀。

2

午餐肉

中火

將午餐肉放入平底鍋，以中火拌炒。

3

大蒜

生薑

長蔥

中火

午餐肉炒散後，倒入1的大蒜、生薑、長蔥，繼續拌炒。

4

板豆腐

法式高湯塊　1塊

LAST
黑胡椒
2小把

中火
約4分鐘

鍋蓋

加入法式高湯塊與板豆腐，蓋上鍋蓋，以中火悶煮4分鐘左右，偶爾掀開鍋蓋攪拌，最後再撒點粗研磨黑胡椒即可。

免秤量

法式風味番茄鑲午餐肉

//

所謂的「蔬菜鑲肉」（farci），就是指將餡料填入蔬菜裡的餐點。
我絕不是聽到出菜的人說「這是番茄鑲肉」，才去查怎麼煮的喔。
……鑲肉是吧？原來是這樣做的啊～

2 人份

12 分鐘

材料

· 番茄…中型1顆
· 午餐肉…1罐
· 起司片…1片
· 管狀蒜泥…4公分
· 粗研磨黑胡椒…2小把

1

將番茄上緣的蒂頭切掉，用湯匙挖出裡面的果肉。

2

午餐肉

管狀蒜泥　4公分

番茄果肉

中火

將1挖出的果肉、午餐肉、管狀蒜泥倒入平底鍋，均勻拌炒。

3

中火

煮到水分收乾為止。

4

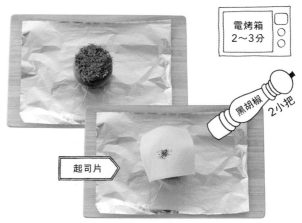

電烤箱
2〜3分

黑胡椒　2小把

起司片

將3的餡料填入1的番茄盅裡，蓋上起司片，撒上黑胡椒，放入電烤箱烤2〜3分鐘。

擺盤看起來很時髦對吧？
其實直接把所有食材倒入洋芋片的袋子也能做出這道菜啲～

攪拌就好的墨西哥玉米片沙拉

免秤量

材料 | 2 人份 | 5 分鐘

· 進口酪梨…1顆
· 小番茄…6顆
· 6P圓盒起司
　（乾酪派）…2塊

· 小肉丸…1包
　（110公克左右）
· 辣味墨西哥玉米片
　…1包（60公克左右）
· 綜合萵苣…1包（80公克左右）

1

酪梨切成兩半，去掉種子，切成0.8公分寬。小番茄切成4等分，再將起司切成1公分見方的小丁。

2

切一切、拌一拌就完成！
手邊沒有小肉丸的話，
可以改用漢堡排調理包。

隔著袋子將小肉丸壓散，再同樣隔著袋子將墨西哥玉米片拍碎。把綜合萵苣鋪在盤子裡，依序放上拍碎的玉米片、酪梨、小番茄、起司與小肉丸。

※建議用多力多滋之類的產品。

可以撕著吃的起司條變得軟綿Q彈，有趣又好吃，請大家務必試看看。

春捲風墨西哥捲餅

/////////// //////////////// ////////////////////////////

免秤量

2 人份

5 分鐘

材料

· 春捲皮…2片
· 手撕起司條…2根
· 維也納香腸…4根

1

將春捲皮攤平，用濡溼的手均勻沾溼表面。

2

維也納香腸
↑
起司

將撕成0.5公分粗細的起司與維也納香腸包在春捲皮裡。

3

\ 保鮮膜 /

微波
1分鐘

包一層保鮮膜，放入600W的微波爐加熱1分鐘。

33

湯料滿滿的法式燉菜

///

免秤量

材料

3～4 人份

9 分鐘

（扣除炊煮的時間）

· 洋蔥…中型1顆
· 胡蘿蔔…中型1根
· 維也納香腸…6根
· 番茄罐頭（整顆）…1罐
· 法式高湯塊…2塊
· 水…〔番茄罐頭容器1杯量〕

1

洋蔥切成3～4公分塊狀，胡蘿蔔切成3～4公分長，維也納香腸則先劃幾道刀口。

2

番茄罐頭

將番茄罐頭倒入電子鍋內鍋，用手捏碎番茄。

3

洋蔥

胡蘿蔔

維也納香腸

法式高湯塊 2塊

與番茄罐頭容器等量的水

炊煮

將1的洋蔥、胡蘿蔔、維也納香腸、法式高湯塊和〔番茄罐頭容器1杯量的水〕加入內鍋炊煮。

起司條的長度恰到好處，超會牽絲又超好吃！

紫蘇起司條香煎雞胸肉

///

免秤量

2 人份　**8** 分鐘

材料
· 雞胸肉…2塊
· 紫蘇…6片
· 手撕起司條…1根

先在雞胸肉中央劃出一道刀口，再把菜刀平放，往剛剛的刀口兩側各劃一刀，片平雞胸肉。

雞胸肉 → 紫蘇 → 起司

在每片雞胸肉上鋪3片紫蘇、半條起司，然後蓋起來。

中火
煎兩面

約2～3分鐘

在平底鍋倒入麻油後，放入2，以中火將兩面煎至變色，每面約煎2～3分鐘。

※若是比較容易黏鍋的平底鍋，可以先淋上一層麻油。

35

免秤量

鯖魚罐頭義式水煮魚

大學時代想到這道食譜後，做給當時的女朋友（現在的太太）吃，
結果她居然露出一副發現新大陸的表情說：
「沒想到這麼時髦的料理三兩下就能完成⋯⋯」

2 人份

15 分鐘

材料

· 水煮鯖魚罐頭…1罐（180公克左右）
· 水煮蛤蜊罐頭…1罐（130公克左右）
· 大蒜…3瓣
· 小番茄…8顆
· 水…〔水煮蛤蜊罐頭容器1杯量〕
· 酒…〔水煮蛤蜊罐頭容器1杯量〕

1

大蒜去皮，切成薄片。

2

水煮蛤蜊

水煮鯖魚

大蒜

將水煮蛤蜊、水煮鯖魚、1的大蒜放入
平底鍋。

3

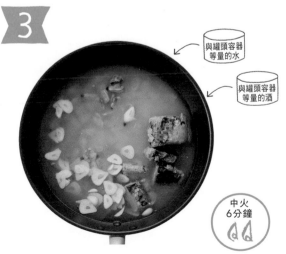

與罐頭容器
等量的水

與罐頭容器
等量的酒

中火
6分鐘

將〔水煮蛤蜊罐頭容器1杯量〕的水與酒倒入2
的鍋中，以中火加熱6分鐘。

4

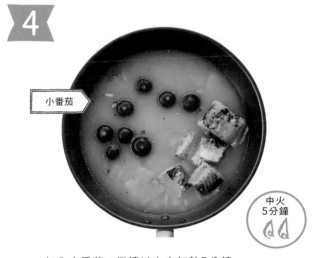

小番茄

中火
5分鐘

加入小番茄，繼續以中火加熱5分鐘。

免秤量

整顆焗烤酪梨盅

///

我超喜歡百貨地下街熟食店賣的整顆酪梨焗烤，
經過「好想吃，但不想精準秤量調味料」的天人交戰後，
總算催生出這道食譜。

材料

· 進口酪梨…1顆
· 小番茄…3顆
· 鮪魚罐頭（非油漬）…1罐
· 可加熱融化的起司片…2片
· 日式美乃滋
　　…〔沿著罐頭邊緣擠1圈的量〕
· 鹽…1小撮

1

酪梨切成兩半，去掉種子，挖出完整的果肉。小番茄切成4等分。鮪魚罐頭先瀝乾水分，再沿著罐頭的邊緣擠一圈美乃滋。

2

酪梨

小番茄

鮪魚罐頭+日式美乃滋

鹽　1小撮

將酪梨、小番茄、鮪魚罐頭+美乃滋、鹽倒入缽中攪拌均勻。

3

起司片

電烤箱
約5分鐘

這道料理的重點
在於起司
要烤到焦黃。

將2的食材填入挖空的酪梨盅，鋪上可加熱融化的起司片，以電烤箱烤5分鐘左右，直到表面變得焦黃。

※若使用油漬鮪魚罐頭，請先瀝油，再以相同的步驟烹調。

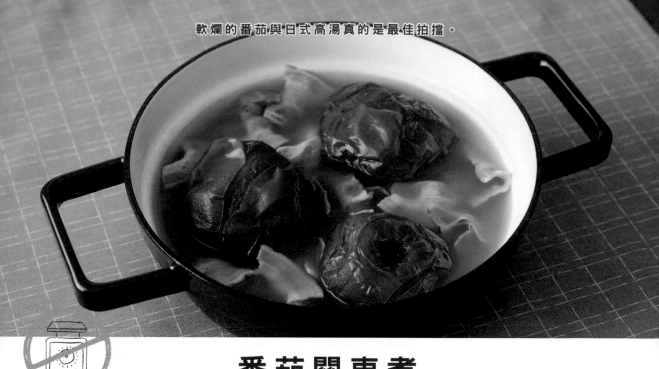

軟爛的番茄與日式高湯真的是最佳拍擋。

番茄關東煮

免秤量

材料	3 人份	5 分鐘

（扣除炊煮的時間）

· 半塊大小的培根…8片
· 番茄…中型3顆
Ⓐ · 日式高湯粉…1小包（8公克）
　· 鹽…2小撮
　· 粗研磨黑胡椒…1小把

將培根切成兩半，番茄切掉蒂頭。

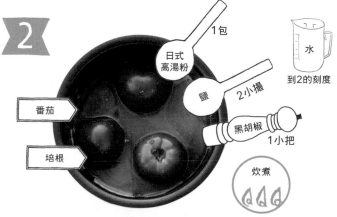

日式
高湯粉　1包

水
到2的刻度

鹽　2小撮

黑胡椒
1小把

番茄

培根

炊煮

使用小包裝的
日式高湯粉，
就不用另外秤量。

將1和A放入電子鍋內鍋，再將水加到內鍋刻度
2（約360毫升），開始炊煮。

40

怎麼可能……只用微波爐，就可以煮出這麼鬆軟入味的料理～

熱騰騰的鬆軟洋蔥

///////////// ///

免秤量

🍴 **I** 人份　　⏰ **10** 分鐘

材料
· 洋蔥…1顆
· 法式高湯塊…1塊
· 奶油…1塊（10公克）
· 可加熱融化的起司片…1片

1

洋蔥去皮，再劃入4道刀口。

2

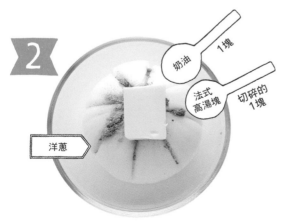

奶油 1塊
法式高湯塊 切碎的 1塊
洋蔥

用菜刀將法式高湯塊切成約1/4大小的塊狀，塞進洋蔥的刀口裡，再放上奶油。

3

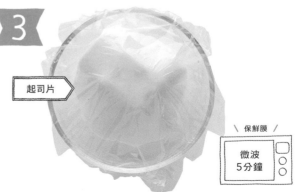

起司片

＼ 保鮮膜 ／
微波 5分鐘

鋪上可加熱融化的起司片之後，包一層保鮮膜，放入600W的微波爐加熱5分鐘。

41

胡蘿蔔明太子沙拉

//////////// //////////// //////////////////////////

免秤量

材料　🍴 **2** 人份　⏱ **10** 分鐘

- 胡蘿蔔…中型1根
- 明太子…1條
- 奶油…2塊（20公克）
- 鹽…1小撮
- 粗研磨黑胡椒…1小把
- 乾燥香芹…1小把

1

將胡蘿蔔切絲。

2

胡蘿蔔　奶油 2塊　鹽 1小撮　黑胡椒 1小把

保鮮膜　微波 3分鐘

將1的胡蘿蔔、奶油、鹽、粗研磨黑胡椒倒入耐熱容器拌勻，包好保鮮膜，放入600W的微波爐加熱3分鐘。

3

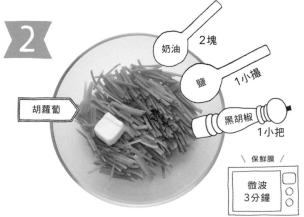

明太子　乾燥香芹 1小把　LAST

明太子剝掉薄膜後，拌入2的耐熱容器裡，再撒上乾燥香芹。

※如果2的胡蘿蔔太硬，不妨以1分鐘為單位，反覆加熱至喜歡的軟硬度為止。

到目前為止，你吃過可以大快朵頤、不會產生罪惡感的漢堡嗎？

油豆皮漢堡

//////////// ////////////////////////

2 人份　　**7** 分鐘

材料
- 油豆皮…2片
- 萵苣…1片
- 即食雞胸肉…1塊
- 洋蔥…1/8顆
- 起司片…2片
- 番茄醬…〔能在油豆皮表面薄薄塗上一層的量〕

1

電烤箱約2分鐘

油豆皮對切，放入電烤箱加熱約2分鐘，直到表面變得酥脆。

2

將即食雞胸肉切成兩半，洋蔥切成薄片，再把萵苣撕成能夾在油豆皮裡的大小。

3

洋蔥

萵苣　　　　　　　　起司片
↓　　　　　　　　　↑
雞胸肉　　　　　　　番茄醬
↓　　　　　　　　　↑
油豆皮　　　　　　　油豆皮

2片油豆皮分別抹上薄薄一層番茄醬，再依序鋪上起司片、2的洋蔥、萵苣、雞胸肉，最後蓋上另一片油豆皮。

鮪魚蛋酪梨盅

免秤量

2 人份

10 分鐘

材料

- 進口酪梨…1顆
- 水煮鮪魚罐頭…1罐
- 日式美乃滋…〔沿著罐頭邊緣 擠一圈的量〕
- 水煮蛋…1顆
- 管狀蒜泥…5公分
- 配料：羅勒

1

酪梨切成兩半，去掉種子，挖出果肉，留下外皮。打開鮪魚罐頭，瀝乾水分，再沿著罐頭的邊緣擠一圈美乃滋。

2

酪梨

水煮蛋

鮪魚罐頭＋日式美乃滋

管狀蒜泥 5公分

將酪梨、鮪魚＋美乃滋、水煮蛋、管狀蒜泥倒入鉢中。

3

用叉子邊搗碎邊攪拌，再填入酪梨盅即可。

起司與納豆的絕妙組合，令人不禁想對全世界的發酵食品說聲謝謝呢～

納豆明太子起司

//////////// //////////////////////////

 2 人份

 8 分鐘

 免 秤 量

材料

· 納豆…1盒
· 明太子…1條
· 奶油起司（小包裝）…6塊
· 珠蔥…1根

1

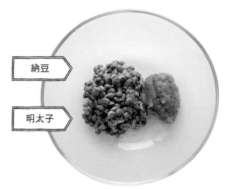

納豆

明太子

將去除薄膜的明太子拌入納豆。
將奶油起司擺在盤子上，鋪上拌勻的納豆明太子，接著撒上用廚房剪刀剪的蔥花。

※可選用凱芮（Kiri）的小包裝起司，省掉切起司的步驟。

※奶油起司一塊就很大，切成一半的話會比較好入口。

用納豆的包裝盒
代替耐熱玻璃缽，
也能搞定這道料理。

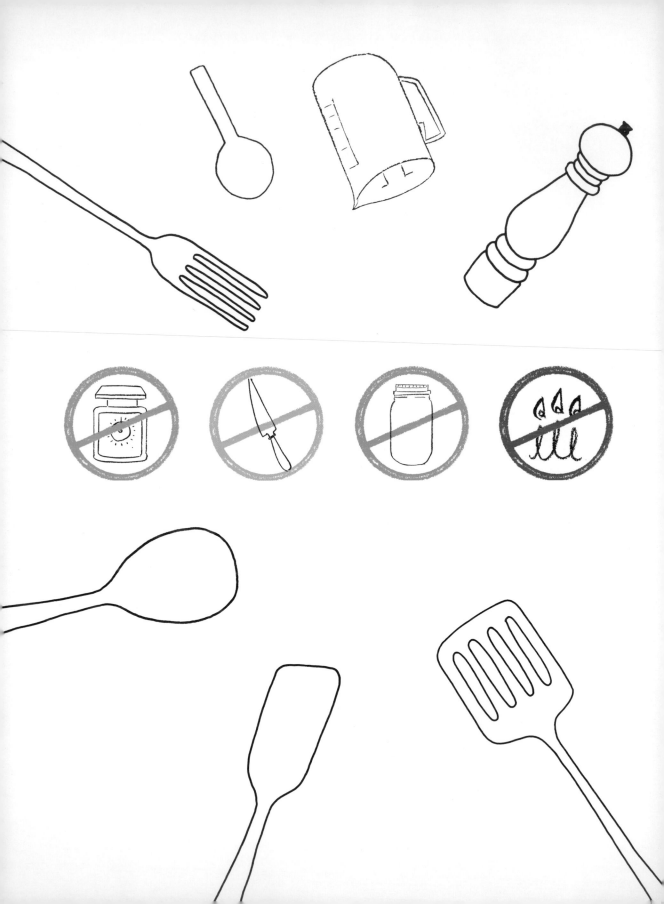

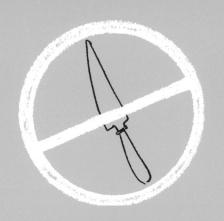

2

「免菜刀」
食譜

大家是不是雖然想大展廚藝，
又覺得削皮、切塊這些步驟很麻煩？
本章要介紹的是不用菜刀、不用削皮器，
三兩下就能搞定的食譜～就連砧板也用不到！
基本上除了偶爾才會用到廚房剪刀，什麼都不用切。

免菜刀

散發魷魚高湯味的
魷魚乾泡麵

少年耶聽好啦～喝酒時下酒的魷魚乾常常吃不完，
這時候不妨泡在水裡，煮成泡麵，
吸飽了魷魚高湯的泡麵可是無敵美味啊～

人份 **1**

8 分鐘
（扣除浸泡的時間）

材料

· 醬油口味泡麵…1包
· 魷魚乾…25公克
· 水…450毫升
· 酒…100毫升

· 管狀薑泥…2公分
· 珠蔥…2根
· 白熟芝麻…1/2大匙

魷魚乾

水
450毫升

將魷魚乾泡在水裡，靜置一晚到一天。

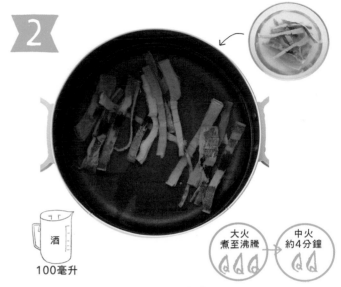

酒
100毫升

大火
煮至沸騰

中火
約4分鐘

將1與酒倒入鍋中，以大火煮滾後，轉中火
煮4分鐘左右。

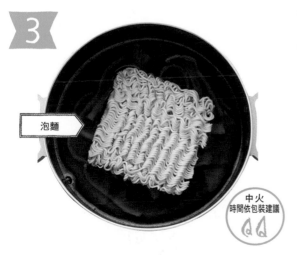

泡麵

中火
時間依包裝建議

倒入醬油口味泡麵，依照包裝建議的
時間以中火加熱，煮熟後關火。

附帶的
湯包
半包

管狀
薑泥
2公分

倒入半包附帶的湯包，拌入管狀薑泥。倒入碗
裡，撒上用廚房剪刀剪的蔥花與白熟芝麻。

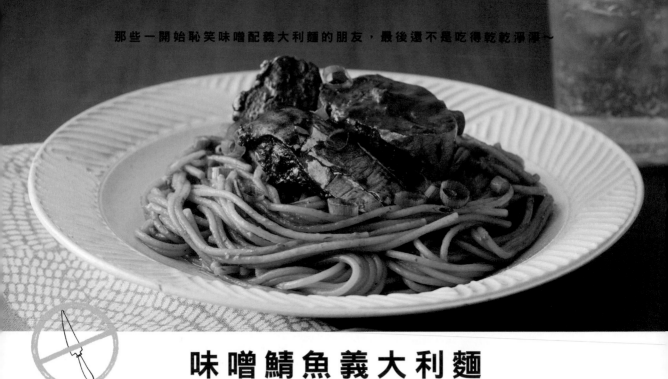

那些一開始恥笑味噌配義大利麵的朋友，最後還不是吃得乾乾淨淨～

免菜刀

味噌鯖魚義大利麵

//

1
人份

15
分鐘

材料

- 義大利麵…1把（100公克）
- 味噌鯖魚罐頭
　　…1罐（180公克左右）
A
- 水…200毫升
- 醬油…1大匙
- 酒…1大匙
- 管狀蒜泥…4公分
- 橄欖油…1大匙
- 珠蔥…2根

這道料理的祕訣在於
步驟1加熱取出後，
要均勻攪拌，
以免麵條黏在一起。

1

義大利麵

水
200毫升

醬油　1大匙
酒　1大匙
橄欖油　1大匙
管狀蒜泥　4公分

微波
時間依
包裝建議

將義大利麵對折，放入耐熱容器，倒入A，不包保鮮膜，依
照包裝建議的時間放入600W的微波爐加熱，再取出拌勻。

2

味噌鯖魚罐頭

微波
4分鐘

加入味噌鯖魚，再加熱4分鐘。盛盤後撒上用廚房剪
刀剪的蔥花。

絕望義大利麵

//

免菜刀

1 人份

12 分鐘

材料

· 義大利麵…1把（100公克）
· 水煮鯖魚罐頭…1罐（180公克左右）
· 番茄汁…200毫升
· 鹽…1/4小匙
· 管狀蒜泥…4公分
· 橄欖油…2大匙
· 乾燥香芹…1小把

1

水煮鯖魚罐頭

番茄汁

鹽 1/4小匙

中火 約9分鐘

將番茄汁、水煮鯖魚、鹽加入平底鍋，以中火煮9分鐘左右，直到湯汁變稠。

2

管狀蒜泥 4公分

橄欖油 2大匙

中火

加入管狀蒜泥、橄欖油，一邊攪拌一邊加熱，收乾湯汁。

3

將依照建議時間煮熟的義大利麵拌入2的鍋中。拌勻後盛盤，再撒上乾燥香芹。

嘗得到味噌裡的鯖魚高湯風味，這道料理就算完成啦～

味噌鯖魚烏龍麵

免菜刀

材料　| 1 人份 | 8 分鐘

A
・酒…2大匙
・水…120毫升
・麵味露（3倍濃縮）
　…1大匙
・管狀薑泥…4公分
・冷凍烏龍麵…1份

・味噌鯖魚罐頭
　…1罐（180公克左右）
・雞蛋…1顆
・珠蔥…2根

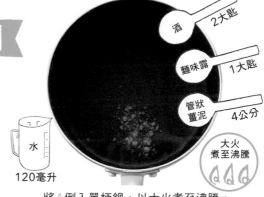

1

酒　2大匙
麵味露　1大匙
管狀薑泥　4公分
水　120毫升
大火煮至沸騰

將A倒入單柄鍋，以大火煮至沸騰。

2

冷凍烏龍麵
味噌鯖魚罐頭
中火

加入冷凍烏龍麵與味噌鯖魚，再以中火加熱，一邊撥散烏龍麵。

3

雞蛋
珠蔥
中火約2分鐘
鍋蓋

在正中央打顆蛋，擺上撕成4～5公分的珠蔥。蓋上鍋蓋，以中火加熱2分鐘左右，直到雞蛋凝固。

雖然湯頭只是麵味露與番茄汁拌在一起而已，但可不會讓你失望喲～

一試成主顧的西班牙風冷湯烏龍麵

免菜刀

1 人份　　**8** 分鐘

材料

· 冷凍烏龍麵…1份
· 番茄汁…200毫升
· 麵味露（3倍濃縮）…2大匙
· 管狀蒜泥…2公分
· 珠蔥…2根
· 橄欖油…1大匙

1

微波
3分鐘 → 沖水

將整包冷凍烏龍麵放入600W的微波爐加熱3分鐘，再沖水降溫。

2

番茄汁
200毫升

烏龍麵

麵味露　2大匙

管狀
蒜泥　2公分

在容器裡拌勻番茄汁、麵味露、管狀蒜泥，再倒入1。

3

橄欖油　1大匙

淋一圈橄欖油，撒上用廚房剪刀剪的蔥花。

53

免菜刀

香油魩仔魚拌毛豆

一次多做一點放在冰箱，下班回家的路上就會不禁雀躍期待呢！
非常推薦大家試做看看，可以鋪在白飯或是義大利麵上，
也能當成沙拉的配料，用途可說千變萬化～

- 魩仔魚⋯80公克
- 冷凍毛豆⋯220公克（淨重100公克）
- 橄欖油⋯80毫升
- 鹽⋯1/2小匙
- 管狀蒜泥⋯4公分
- 胡椒⋯2小把

材料

1

先將冷凍毛豆從豆筴擠出來。

2

毛豆

魩仔魚

鹽 1/2小匙

橄欖油 80毫升

中火 約5分鐘

在平底鍋倒入橄欖油，加入魩仔魚、1的毛豆、鹽，以中火拌炒5分鐘左右。

3

管狀蒜泥 4公分

胡椒 2小把

關火，拌入管狀蒜泥與胡椒。

※盛入乾淨的容器保存。
※盡可能1週之內吃完。

55

明太子的鹹味配上豆漿的溫潤，好吃到讓人想列入家常必備的菜色。

豆漿明太子茶泡飯

免菜刀

材料

1 人份

5 分鐘

A · 無糖純豆漿
　　…200毫升
· 雞高湯粉…1/2小匙
· 胡椒…1小把
· 管狀薑泥…4公分

· 白飯…1碗
· 明太子…1條
· 珠蔥…1根
· 麻油…1小匙

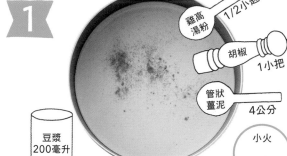

1

雞高湯粉 1/2小匙
胡椒 1小把
管狀薑泥 4公分

豆漿 200毫升

小火

將A倒入單柄鍋，以小火加熱，但不要煮到沸騰。

2

珠蔥
↑
明太子
↑
白飯

將飯盛入碗中，鋪上用廚房剪刀剪成塊的明太子與蔥花。

3

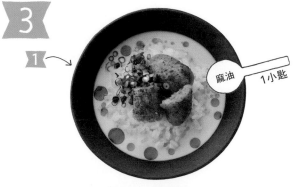

1

麻油 1小匙

倒入1，再淋上一圈麻油。

滑蛋榨菜燴飯

//////////////// /////////////////////////////////

免菜刀

1 人份

8 分鐘

材料

· 榨菜…35公克
· 雞蛋…3顆
· 珠蔥…3根
· 雞高湯粉
　　…1/2小匙

· 胡椒…1小把
· 麻油
　　…1又1/2大匙
· 白飯…1碗

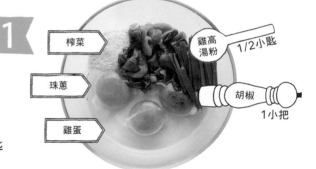

1

榨菜

珠蔥

雞蛋

雞高湯粉 1/2小匙

胡椒 1小把

將雞蛋打在缽裡，再加入榨菜、雞高湯
粉、胡椒、撕成4～5公分的珠蔥，攪拌
均勻。

2

麻油 1又1/2大匙

大火

以大火加熱平底鍋裡的麻油，倒入1，用矽
膠刮刀從鍋底往上翻攪食材。

3

拌至雞蛋呈半熟狀態。將白飯盛入碗
裡，鋪上鍋裡的食材。

57

吸飽魷魚鮮味的白飯真的好吃得讓人大吃一驚。

鮮味飽滿的魷魚乾飯

免菜刀

3 人份

5 分鐘

（扣除煮飯的時間）

材料

· 白米…2米杯（300公克左右）
· 魷魚乾…50公克
· 紅薑…20公克（約尖尖的2大匙）
Ⓐ · 醬油…2大匙
  · 酒…2大匙
  · 味醂…2大匙
· 珠蔥…3根

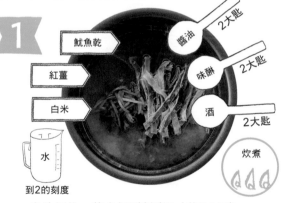

1

魷魚乾
紅薑
白米
水
到2的刻度

醬油 2大匙
味醂 2大匙
酒 2大匙
炊煮

米洗好後，將水加到刻度2（約360毫升），再加入魷魚乾、紅薑與Ⓐ炊煮。

2

珠蔥

飯煮好後，拌入用廚房剪刀剪的蔥花。

紅薑可換成
等量的生薑。

※如果電子鍋可以設定，就用炊什錦飯的模式，否則請以一般的模式煮。
※要是用免洗米的白米，就可以跳過洗米的步驟。

味噌鯖魚咖哩飯

/////////// /////////////// ///////////////

免菜刀

2 人份　　**12** 分鐘

材料

- 奶油…10公克
- 低筋麵粉…1大匙
- Ⓐ
  - 味噌鯖魚罐頭
    …1罐（180公克左右）
  - 醬油…1小匙
  - 咖哩塊…1塊
  - 牛奶…300毫升
- 白飯…2碗
- 珠蔥…3根
- 蛋黃…2顆

要是喜歡吃
稀稀的咖哩，
就不用放麵粉。

→剩下的蛋白可於p156～159使用

1

奶油　10公克
↓
低筋麵粉　1大匙

中火

將奶油放入平底鍋，以中火加熱至融化後，倒入低筋麵粉，一邊加熱一邊攪拌，直到看不見麵粉為止。

2

咖哩塊　1塊
味噌鯖魚罐頭
醬油　1小匙
牛奶　300毫升

中火
3～4分鐘

將Ⓐ全部倒入鍋中，以中火加熱3～4分鐘，同時將鯖魚搗碎。將白飯與咖哩盛入盤中，撒上用廚房剪刀剪的蔥花，最後打上蛋黃。

明明光海苔醬就能配好幾碗飯了，居然還加奶油！真是讓人一吃上癮啊～

奶油海苔醬

免菜刀

材料

4 人份　**35** 分鐘

A
- 海苔（全形）…5片
- 水…150毫升
- 酒…2大匙
- 醬油…2大匙
- 砂糖…1大匙
- 奶油…10公克

1

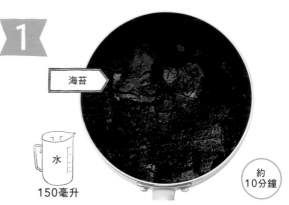

海苔

水 150毫升

約10分鐘

將水倒入鍋中，再放入撕成小片的海苔，靜置10分鐘。

2

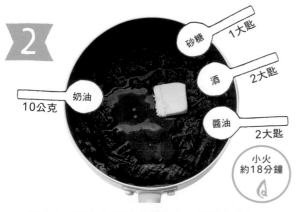

砂糖 1大匙
酒 2大匙
奶油 10公克
醬油 2大匙

小火約18分鐘

倒入A，以小火煮18分鐘左右，直到水分收乾。

煮好後可放在冰箱冷藏保存，但要盡可能在4天內吃完。

用現成的高麗菜絲就能輕鬆做出口感鬆軟的大阪燒，吃起來完全不輸外面的餐廳喔！

口 感 鬆 軟 的 大 阪 燒

免菜刀

2 人份

14 分鐘

材料

· 高麗菜絲…1包（150公克左右）
· 雞蛋…1顆
A · 低筋麵粉…2大匙
　· 日式高湯粉…1/2小匙
　· 水…1又1/2大匙
· 麻油…1大匙
· 大阪燒醬、日式美乃滋、柴魚片、
　青海苔…各適量

1

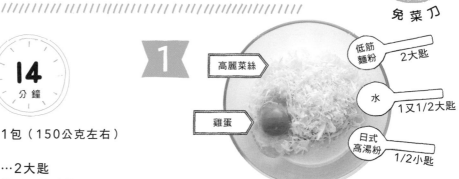

高麗菜絲　　雞蛋

低筋麵粉　2大匙
水　1又1/2大匙
日式高湯粉　1/2小匙

將雞蛋、高麗菜絲倒入缽內，再加入事先調勻的A攪拌。

2

麻油　1大匙

中火
3分鐘
鍋蓋

在平底鍋倒入麻油，以中火加熱後倒入1的食材。整好形狀後，蓋上鍋蓋悶煎3分鐘。

3

中火
3分鐘
鍋蓋

翻面後，蓋上鍋蓋再悶煎3分鐘。接著盛盤，淋上大阪燒醬、美乃滋，撒上柴魚片與青海苔。

※高麗菜絲可選擇涼拌專用的種類。

免菜刀

風味濃郁又有顆粒口感的
微波爐焗烤通心粉

「好想吃焗烤！」人生總是會出現眼中只有焗烤通心粉的時刻對吧！
我就是在這種時候想出只用微波爐與平底鍋也能做的焗烤料理。
完全用不到電烤箱喔～

- 通心粉…100公克
- 低筋麵粉…2大匙
- 奶油…20公克
- 牛奶…200毫升
- 法式高湯塊…1塊
- 水…500毫升
- 披薩專用起司
　…60公克
　（7又1/2大匙）
- 麵包粉…2大匙

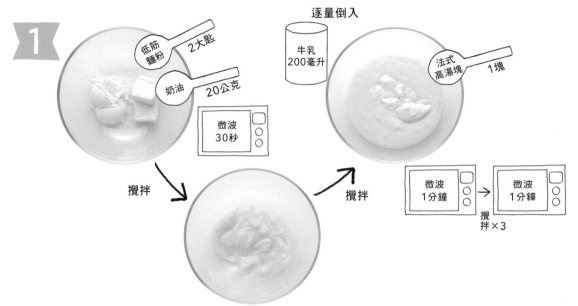

1

逐量倒入

微波 30秒

攪拌

攪拌

微波 1分鐘 → 微波 1分鐘

攪拌×3

將低筋麵粉、奶油倒入耐熱缽，放入600W的微波爐加熱30秒，取出攪拌至看不見麵粉後，再分次逐量拌入牛奶。

加入法式高湯塊，放入微波爐加熱1分鐘，取出攪拌均勻，再加熱1分鐘，攪拌均勻。重複加熱與攪拌3次，直到白醬質地變得濃稠。（※）

2

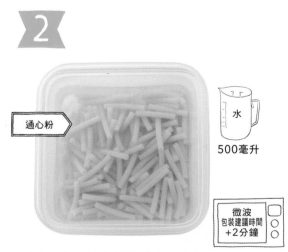

通心粉

水 500毫升

微波 包裝建議時間 +2分鐘

將通心粉、水倒入耐熱容器，放入600W的微波爐加熱，加熱時間為包裝建議時間再加2分鐘，接著瀝乾水分。

3

麵包粉

中火

起司

1

通心粉

微波 3分鐘

將2盛入盤中，淋上1的食材，鋪上披薩專用起司，放入微波爐加熱3分鐘，接著倒入平底鍋煎至金黃色後，撒上以中火炒過的麵包粉。

※若加熱3次還是溫溫的，就以30秒為單位逐步加熱。

平底鍋香煎甜辣肋排

煎肋排乍看難度很高，
但其實用平底鍋就能煎，而且還能煎得美美的，
可說是超好用的食材喲～

3
人份

16
分鐘

（扣除浸泡的時間）

材料

A
· 肋排…5根
· 蜂蜜（或砂糖）
　…1大匙
· 醬油…1大匙
· 管狀蒜泥…4公分
· 鹽…1小撮
· 胡椒…1小撮
· 番茄醬…4大匙

· 一味辣椒粉
　…1/2小匙
· 橄欖油…2大匙
· 水…80毫升
· 配料：西洋菜1〜2根

1

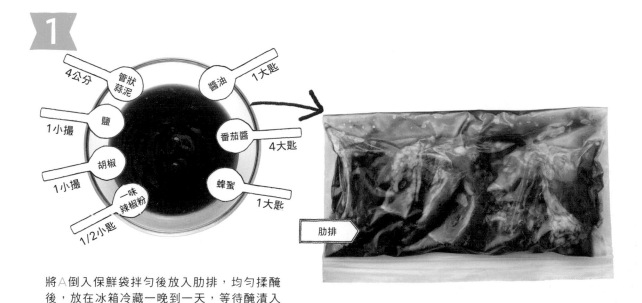

管狀蒜泥…4公分
醬油…1大匙
鹽…1小撮
番茄醬…4大匙
胡椒…1小撮
蜂蜜…1大匙
一味辣椒粉…1/2小匙

肋排

將A倒入保鮮袋拌勻後放入肋排，均勻揉醃
後，放在冰箱冷藏一晚到一天，等待醃漬入
味。

2

1 的肋排
橄欖油…2大匙

大火

在平底鍋倒入橄欖油後，放
入稍微瀝乾醬汁的肋排，以
大火煎出焦褐色。

3

偶爾翻面

1 剩下
的醬汁

水
80毫升

中火
約10分鐘

鍋蓋

倒入剩下的醬汁與水，蓋上鍋蓋，以中火加熱
10分鐘左右，並記得偶爾翻面。

免菜刀

集香辣濃稠於一身的
韓式起司辣炒雞翅小腿

一口咬下裹著起司的雞翅，
微辣的泡菜風味瞬間在口中擴散，
讓人不禁想大口大口灌啤酒。

2 人份

15 分鐘

材料

· 雞翅小腿…6根
· 泡菜…150公克
· 披薩專用起司…70公克（將近9大匙）
· 日式燒肉醬…2大匙
· 麻油…2小匙

泡菜

日式燒肉醬　2大匙

雞翅小腿

以燒肉醬揉醃雞翅小腿，再拌入泡菜，靜置10分鐘。

1的小腿

麻油　2小匙

大火

鍋蓋

在平底鍋倒入麻油後，放入1的雞翅小腿，蓋上鍋蓋，以大火悶煎至整體變色，並記得偶爾翻面。

3

泡菜

倒入1的泡菜，快速拌炒一下。

4

起司

中火

鍋蓋

將雞翅小腿與泡菜推到旁邊，把披薩專用起司倒入空出來的位置，蓋上鍋蓋，以中火加熱至起司融化為止。

67

風味醇厚又有層次的
淺漬白菜豬五花鍋

免菜刀

我實在太愛白菜豬五花鍋了,所以向神明祈求,希望一整年都吃得到,
沒想到「請用淺漬白菜來煮」的靈感就這麼從天而降～
不過用醃漬得久一點的白菜煮也很對味喔!

68

4 人份

13 分鐘

材料

- 金針菇
　…1棵（150公克左右）
- 淺漬白菜…200公克
- 豬五花薄片…200公克
Ⓐ · 管狀蒜泥…3公分
　· 管狀薑泥…6公分

- 水…200毫升
- 酒…100毫升
- 雞高湯粉…1大匙
- 胡椒…2小把
- 麻油…1又1/2大匙
- 七味辣椒粉…2小把

1

用廚房剪刀剪掉金針菇的根部再拆散。

2

胡椒 2小把

雞高湯粉 1大匙

管狀薑泥 6公分

管狀蒜泥 3公分

水 200毫升

酒 100毫升

將Ⓐ調勻。

3

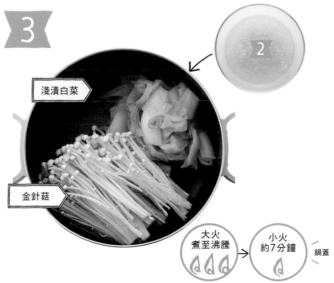

淺漬白菜

金針菇

2

大火
煮至沸騰 → 小火
約7分鐘　鍋蓋

瀝乾淺漬白菜（※）的水分後放入鍋中，再加入
1的金針菇與2。以大火煮至冒泡後，蓋上鍋蓋，
轉成小火煮7分鐘左右。

4

豬肉

LAST
麻油 1又1/2大匙

加入豬五花薄片煮至變色，再淋上一圈麻
油。起鍋後，撒上七味辣椒粉。

※手邊若沒有切好的白菜，可用廚房剪刀剪成塊狀。

吃得到口味無敵清爽的牛肉，請大家務必試做看看。

美乃滋柑橘醋炒珠蔥牛肉

 **2** 人份　　**8** 分鐘

 材料
· 牛五花薄片…120公克
· 珠蔥…1把（100公克左右）
· 日式美乃滋…1大匙
Ⓐ · 管狀薑泥…4公分
· 砂糖…1小匙
· 柑橘醋醬汁…2大匙

1

日式美乃滋 1大匙 ↓ 牛肉　　中火

將美乃滋倒入平底鍋，加熱至化開後，放入牛肉以中火拌炒。

2

管狀薑泥 4公分　砂糖 1小匙　柑橘醋醬汁 2大匙　中火

炒至牛肉變色後，倒入Ⓐ，繼續以中火拌炒。

3

珠蔥

關火，均勻拌入剪成7～8公分長的珠蔥。

「南瓜一點都不下酒啦！」結果說出這句話的人不但將南瓜吃光光，
還喝了一堆酒呢。

橄欖油煮南瓜

//////////// ////////////////////////////

免菜刀

材料

2 人份

14 分鐘

· 冷凍南瓜塊…200公克
· 橄欖油…100毫升
· 大蒜…3瓣
· 鹽…1/4小匙

· 辣椒圓片（有的話）
　…1小撮
· 粗研磨黑胡椒
　…1小把

1

\ 保鮮膜 /

微波
2分鐘

將冷凍南瓜塊放入耐熱容器，包上保鮮
膜，放入600W的微波爐加熱2分鐘。

2

1/4小匙 鹽

橄欖油
100毫升

1小撮 辣椒

大蒜　　南瓜塊

小火
4分鐘

將去皮的大蒜拍碎，放入單柄鍋，再倒入1、
橄欖油、鹽、辣椒，以小火煮4分鐘。

3

黑胡椒 1小把

翻面

小火
4分鐘

南瓜翻面後，繼續加熱4分鐘，
再撒上粗研磨黑胡椒。

71

牽絲的起司、鹽昆布與煎得焦香的青椒～這道菜讓人不禁咕嚕嚕將啤酒灌下肚。

青椒鑲起司鮪魚

免菜刀

2 人份

10 分鐘

材料

· 青椒…4個
· 水煮鮪魚罐頭…1罐
· 披薩專用起司
　　…60公克（7又1/2大匙左右）
· 鹽昆布…10公克（2大匙左右）
· 麻油…2小匙

1

鹽昆布
鮪魚罐頭
起司

瀝乾水煮鮪魚罐頭的水分，與披薩專用起司、鹽昆布拌在一起。

2

用廚房剪刀將青椒剪出一道刀口，挖掉蒂頭與種子，填入1。

3

麻油 2小匙
中火 兩面煎3分鐘
鍋蓋

在平底鍋倒入麻油，放入青椒，蓋上鍋蓋，兩面各以中火煎3分鐘。

72

鹽辛花枝與馬鈴薯是北海道的招牌組合～就當成被騙也好，請大家試做看看吧！

奶香鹽辛花枝馬鈴薯

免菜刀

2 人份　**8** 分鐘

材料

· 馬鈴薯…3顆
· 奶油…20公克
· 鹽辛花枝…3大匙
· 胡椒…1小把

1

保鮮膜

微波 5分鐘

馬鈴薯洗乾淨之後，不用擦乾，直接包上保鮮膜，放入600W的微波爐加熱5分鐘。

2

奶油　20公克

將1放入缽內，加入奶油，用叉子將馬鈴薯連皮劃成3～4等分。

3

胡椒 1小把

鹽辛花枝

放涼後拌入鹽辛花枝與胡椒。

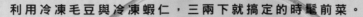
利用冷凍毛豆與冷凍蝦仁，三兩下就搞定的時髦前菜。

免菜刀

蝦仁毛豆雞尾酒沙拉
////////// //////////// ////////// //////////// ////////// //////////

材料

2 人份

8 分鐘

· 冷凍蝦仁…90公克
· 冷凍毛豆
　　…140公克
　（淨重70公克左右）
· 珠蔥…3根

Ⓐ · 管狀蒜泥…3公分
　· 醬油…2小匙
　· 橄欖油
　　　…1又1/2大匙

1

將解凍的毛豆從豆莢取出，用廚房剪刀
將珠蔥剪成蔥花。

2

水
淹過
食材

中火
約3分鐘

將蝦仁放入單柄鍋，倒入淹過食材的水量，
再以中火煮3分鐘左右，讓蝦仁解凍。

3

橄欖油
1又1/2大匙
醬油 2小匙
管狀蒜泥
3公分

珠蔥
毛豆
蝦仁

將Ⓐ倒入缽內拌勻，再拌入1與2即可。

每次上這道菜就像秋風掃落葉般，還創下我家餐桌上最快被掃光的紀錄。

香菇鑲美乃滋鮪魚

免菜刀

2 人份　　**13** 分鐘

材料

・香菇…6朵
・水煮鮪魚罐頭…1罐
・日式美乃滋…1又1/2大匙
・七味辣椒粉…1小把

1

先用手將香菇柄撕下來。（※）

2

日式美乃滋 1又1/2大匙

鮪魚罐頭

將瀝乾水分的水煮鮪魚與美乃滋拌在一起，再填入1中。

3

電烤箱 9分鐘

將2排在鋁箔紙上，放入電烤箱烤9分鐘，取出後撒上七味辣椒粉。

※如果覺得很難撕，就用廚房剪刀剪。

豆腐與會牽絲的起司交融，讓人吃得欲罷不能。

免菜刀

泡菜起司溫豆腐

////////// ////////////////////// ////

材料

2 人份

5 分鐘

· 嫩豆腐…1塊（300公克左右）
· 可加熱融化的起司片…2片
· 泡菜…50公克（6大匙左右）
· 醬油…1小匙

· 珠蔥…2根
· 蛋黃…1顆

1

瀝乾嫩豆腐的水分。

2

起司片

微波
2分30秒

鋪上可加熱融化的起司片後，放入
600W的微波爐加熱2分30秒。

3

醬油
1小匙
↑
蛋黃
↑
珠蔥
↑
泡菜

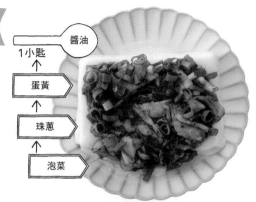

依序鋪上泡菜、用廚房剪刀剪的蔥花、蛋
黃，再淋上醬油。

→剩下的蛋白可於p156～159使用

76

只要用微波爐加熱與醃漬，就能做出這道下飯又下酒的超強小菜！

麵味露大蒜

///////////////////////////////

免菜刀

1 人份

6 分鐘
（扣除浸泡的時間）

材料
- 大蒜…1顆
- 水…1大匙
- 麵味露（3倍濃縮）…2大匙
- 柴魚片…2.5公克（小包裝1包）

1

剝掉大蒜的皮。

2

水 1大匙

大蒜

保鮮膜
微波 2分鐘

將1和水倒入耐熱容器，包上保鮮膜，
放入600W的微波爐加熱2分鐘。

3

麵味露 2大匙

柴魚片 1包

加入麵味露與柴魚片，放入冰箱冷藏一
晚即可。

絕品
馬鈴薯沙拉
4選

鯖魚茗荷馬鈴薯沙拉

3 人份　**10** 分鐘

材料

· 茗荷…4個
· 馬鈴薯…中型3顆
· 水煮鯖魚罐頭
　　…1罐（190公克左右）
· 日式美乃滋…6大匙
· 鹽…1小撮
· 胡椒…2小把

1

\ 保鮮膜 /

微波
8分鐘

將3顆馬鈴薯切成一口大小，茗荷切絲。把馬鈴薯放入耐熱容器，包上保鮮膜，放入600W的微波爐加熱8分鐘。取出後用叉子等大致壓碎。

2

日式美乃滋　4大匙

鹽　1小撮

胡椒　2小把

馬鈴薯趁熱均勻拌入4大匙美乃滋、鹽與胡椒。

3

日式美乃滋　2大匙

茗荷

鯖魚罐頭

放涼後加入2大匙美乃滋、1的茗荷、水煮鯖魚罐頭（連同湯汁），一邊將鯖魚搗碎，一邊拌勻食材。
※美乃滋分2次加可提升風味。

讓人不小心就徹底上癮的一道料理。

味噌鯖魚馬鈴薯沙拉

//

絕品
馬鈴薯沙拉
4 選

材料　🍴 **3** 人份　⏰ **10** 分鐘

- 馬鈴薯…中型3顆
- 大蒜…4瓣
- 味噌鯖魚罐頭
  …1罐（180公克左右）

- 日式美乃滋
  …〔可蓋住鯖魚
  罐頭表面的量〕
- 胡椒…1小撮
- 配料：珠蔥2根

1

大蒜去皮、馬鈴薯切成一口大小後，一起放入耐熱缽，包上保鮮膜，放入600W的微波爐加熱8分鐘。

2

胡椒
1小撮

鯖魚罐頭+美乃滋

馬鈴薯

大蒜

\ 保鮮膜 /

微波
8分鐘

打開味噌鯖魚罐頭，在罐頭表面擠滿美乃滋。以叉子等將微波過的馬鈴薯與大蒜大致壓碎，再均勻拌入鯖魚罐頭+美乃滋、胡椒，最後撒上用廚房剪刀剪的蔥花。

清脆與鬆軟交織的美味。

鬆軟醇厚的美味。

紅薑馬鈴薯沙拉

///

絕品
馬鈴薯沙拉
4選

魷魚絲馬鈴薯沙拉

//

材料　｜　**2** 人份　｜　**10** 分鐘

・馬鈴薯…2顆
・紅薑…2又1/2大匙
・日式美乃滋…3大匙

・鹽…2小撮
・胡椒…2小把
・青海苔…1/4小匙

材料　｜　**2** 人份　｜　**10** 分鐘

Ⓐ
・馬鈴薯…2顆
・魷魚絲…25公克
・日式美乃滋…3大匙
・鹽…1小撮

・胡椒…2小撮
・管狀薑泥
　…3公分

1

馬鈴薯切成一口大小。

2

＼ 保鮮膜 ／

微波
6分鐘

將1倒入耐熱缽裡，包上保鮮膜，放入
600W的微波爐加熱6分鐘。

3

鹽　2小撮
紅薑　2又1/2大匙
日式美乃滋　3大匙
胡椒　2小把
青海苔　1/4小匙

用叉子等將馬鈴薯大致壓碎，再均勻拌
入美乃滋、紅薑、鹽與胡椒，最後撒上
青海苔。

3

日式美乃滋　3大匙
魷魚絲
管狀薑泥　3公分
鹽　1小撮
胡椒　2小撮

均勻拌入A即可。

3

「免剩食」
食譜

不管料理再美味,有時還是會剩下很多食材對吧?
本章就是要教大家怎麼避免這種情況,
介紹的全都是讓人不用再為剩下的食材煩惱的食譜,
讓人不管想吃哪一道,都能毫無顧慮地輕鬆做出來~

鮮美滿溢的
整塊培根香料飯

免剩食

在星期五晚上買好食材，按下預約煮飯的開關
——接著會發生什麼奇蹟呢？
隔天早上，會有一股美妙的香氣把你叫醒！

 **4** 人份　| **12** 分鐘 （扣除煮飯的時間）　|  材料

- 白米…2米杯
  （300公克左右）
- 培根塊
  …200～250公克
- 奶油…30公克

 A
- 法式高湯塊…1塊
- 鹽…2小撮
- 胡椒…2小把
- 粗研磨黑胡椒…2小把

1

白米　奶油　30公克　中火

將奶油放入平底鍋，加熱至融化後，倒入洗好的米，以中火炒至米色通透為止。

2

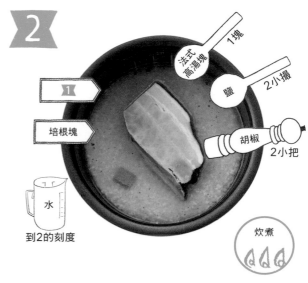

1　培根塊　法式高湯塊 1塊　鹽 2小撮　胡椒 2小把　水 到2的刻度　炊煮

將1倒入電子鍋內鍋，將水加到刻度2（約360毫升），加入A，再放入培根塊，開始煮飯。

3

盛盤後撒上粗研磨黑胡椒。

> 吃的時候可以
> 用刀叉將培根切成小塊，
> 或是改用厚片培根做，
> 一樣很美味～

※也可以將培根塊換成維也納香腸（6根）。
※如果電子鍋可以設定，就用炊什錦飯的模式，否則請以一般模式煮。
※要是用免洗米的白米，就可以跳過洗米的步驟。

免剩食

絕品焙茶雞飯

///

平常沉默寡言的朋友緩緩踱進廚房問道：
「這飯是誰煮的啊？」
我還以為他是挑嘴的老饕，沒想到吃得津津有味呢。

4
人份

10
分鐘

（扣除煮飯的時間）

材料

・白米…2.5米杯
　（375公克左右）
・雞腿肉…2塊
・酒…2大匙
・鹽…1小撮
・管狀薑泥…12公分
・管狀蒜泥…6公分

・配料：鴨兒芹3片
Ⓐ ・焙茶…500毫升
　・雞高湯粉
　　　…2又1/2大匙
　・日式高湯粉
　　　…1小撮
　・酒…1大匙

1

雞腿肉

酒　2大匙

鹽　1小撮

以酒、鹽揉醃雞腿肉。

2

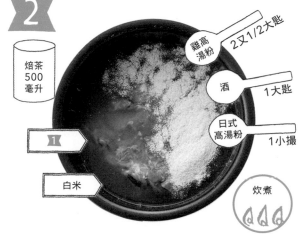

焙茶
500
毫升

1

白米

雞高湯粉　2又1/2大匙

酒　1大匙

日式高湯粉　1小撮

炊煮

將洗好的米倒入電子鍋內鍋，再放入1的
雞腿肉與A炊煮。

3

取出雞腿肉，放涼後切成方
便入口的大小。

4

管狀薑泥　12公分

管狀蒜泥　6公分

將管狀薑泥與蒜泥拌入煮好的飯，與3一起盛
盤。

※如果電子鍋可以設定，就用炊什錦飯的模式，否則請以一般模式煮。
※要是用免洗米的白米，就可以跳過洗米的步驟。

免剩食

中式油飯風味什錦飯

吸飽食材鮮甜滋味的米飯真是無敵！
香菇、雞肉、胡蘿蔔這些食材的滋味都徹底入味，
當我發現最後不剩半點食材時，心想剛剛一定發生了奇蹟。

 4 人份

 10 分鐘

（扣除煮飯的時間）

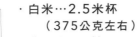 材料

・白米…2.5米杯
　（375公克左右）
・雞腿肉…1塊
　（300公克左右）
・胡蘿蔔…中型1根
・鴻喜菇…1株
　（150公克左右）

・麻油…1大匙
・酒…4大匙
Ⓐ ・醬油…2大匙
・砂糖
　…1又1/2小匙
・雞高湯粉…2小匙
・白熟芝麻…2小匙

1

鴻喜菇先切掉根部再拆散，胡蘿蔔切扇形，雞腿肉切成3公分見方的塊狀。

2

麻油　1大匙

雞腿肉
↓
胡蘿蔔

鴻喜菇

中火

在平底鍋倒入麻油，以中火將雞腿肉炒至變色後，加入胡蘿蔔與鴻喜菇。

3

1又1/2小匙　砂糖

醬油　2大匙

雞高湯粉
2小匙

白熟芝麻
2小匙

中火

接著加入A，以中火拌炒。

4

酒　4大匙

白米

3

水
到2的刻度

炊煮

將洗好的白米倒入電子鍋內鍋，加入酒，再將水加到刻度2（約360毫升），放入3，開始煮飯。

※如果電子鍋可以設定，就用炊什錦飯的模式，否則請以一般模式煮。

※要是用免洗米的白米，就可以跳過洗米的步驟。

其實這道料理是要獻給世界上為數眾多的芥末成癮者。

芥末鮪魚飯

//////////// /////////////////////////

免剩食

2 人份

4 分鐘

（扣除煮飯的時間）

材料

· 白米…1米杯（150公克左右）
· 水煮鮪魚罐頭…1罐
· 麵味露（3倍濃縮）…2大匙
· 日式美乃滋…2大匙
· 管狀山葵醬…10公分

1

鮪魚罐頭

麵味露　2大匙

白米

水　1米杯的水

將洗好的米倒入電子鍋內鍋，加入水煮鮪魚、麵味露、1米杯（約180毫升）的水炊煮。

2

日式美乃滋　2大匙

管狀山葵醬　10公分

炊煮

飯煮好後，拌入美乃滋與山葵醬。

有些管狀山葵醬的原料
並不是山葵，
所以請盡可能指名購買
「本山葵」。

※如果電子鍋可以設定，就用炊什錦飯的模式，否則請以一般模式煮。
※要是用免洗米的白米，就可以跳過洗米的步驟。

這道豆漿芝麻風味烏龍麵好吃到讓人一吸起麵條就被美味沖昏頭。

豆漿月見烏龍麵

//////////// ////////// ////////////////////

免剩食

材料　｜　**1** 人份　｜　**10** 分鐘

· 冷凍烏龍麵…1份
· 無糖純豆漿…200毫升
Ⓐ · 麻油…2小匙
　· 雞高湯粉
　　…1又1/2小匙
　· 醬油…1小匙

· 管狀薑泥…6公分
· 管狀蒜泥…3公分
· 白芝麻粉…3大匙
· 蛋黃…1顆
· 白熟芝麻…1小匙
· 配料：珠蔥2根

1

微波
3分鐘

將整包冷凍烏龍麵放入600W的微波爐
加熱3分鐘。

2

豆漿
200
毫升

烏龍麵

中火

將豆漿倒入單柄鍋，以中火加熱後，放入1
繼續加熱。

→剩下的蛋白可於p156～159使用

3

雞高
湯粉　1又1/2小匙

管狀
蒜泥
3公分

醬油　1小匙

白芝
麻粉

麻油　2小匙

3大匙

管狀
薑泥

6公分

關火，拌入Ａ之後盛碗，打上蛋黃，再撒
上白熟芝麻。

※如果手邊沒有小包裝的冷凍烏龍麵，可以先用保鮮膜包住整袋烏
龍麵，加熱3分鐘後便可使用。

用焙茶煮的話，茶味會被襯托出來，所以高湯粉少一點也很好吃喔。

焙茶泡麵
///////////////////////////

免剩食

材料

人份	分鐘
1	9

· 醬油口味泡麵⋯1包
· 焙茶⋯500毫升
· 水煮蛋⋯1顆
· 配料：蔥絲6公分

1

焙茶
500
毫升

中火
3～4分鐘

將焙茶倒入鍋中，以中大火加熱
3～4分鐘，煮至沸騰。

2

泡麵

依包裝
建議時間

放入醬油口味泡麵，依照包裝建議
的時間煮熟。

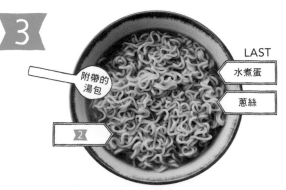

3

LAST

附帶的
湯包

水煮蛋

蔥絲

2

將附帶的湯包倒入碗中，再倒入2的湯汁與
麵條，最後擺上水煮蛋與蔥絲。

長蔥與鮪魚的風味讓人對豆腐欲罷不能。

鹹鮮鮪魚豆腐

/////////// /////////////////////////

免剩食

材料

2
人份

10
分鐘

· 水煮鮪魚罐頭…1罐
· 長蔥…1根
· 嫩豆腐
　　…1塊（300公克左右）
Ⓐ · 酒…3大匙
　 · 雞高湯粉…1大匙

| · 管狀薑泥…6公分
| · 管狀蒜泥…6公分
· 麻油…1大匙
· 太白粉…2大匙
· 水…2小匙

1

麻油　1大匙

小火

將長蔥切成蔥花，放入倒了麻油的平底
鍋內，以小火加熱至香氣四溢。

2

雞高湯粉　1大匙
酒　3大匙
管狀蒜泥　6公分
管狀薑泥　6公分

嫩豆腐

鮪魚罐頭

鍋蓋

小火
6分鐘

將水煮鮪魚連同湯汁倒入鍋中，再放入切成4
公分見方的嫩豆腐，接著倒入事先調勻的Ⓐ，
蓋上鍋蓋，以小火加熱6分鐘。

3

太白粉水

太白粉　2小匙
水　2小匙

中火

以等量的水調開太白粉後，倒入鍋中，以
中火加熱至湯汁變稠為止。

91

免剩食

美味超乎想像的
海蘊醋豬肉

簡直想挨家挨戶向沒聽過這道菜的人宣傳！
以海蘊醋代替一般的醋，讓海藻高湯散發極致的美味。

· 青椒…4個
· 豬五花薄片…130公克
· 麻油…1大匙

Ⓐ · 烏醋海蘊…1盒
· 雞高湯粉…2小匙
· 醬油…2小匙

· 酒…1大匙
· 管狀蒜泥…5公分
· 管狀薑泥…5公分
· 太白粉…1大匙
· 水…2大匙

1

青椒挖掉種子,與豬五花薄片同樣切成一口大小。

2

青椒
↑
豬肉

麻油 1大匙

中火

在平底鍋倒入麻油後,放入豬五花薄片,以中火炒至變色,再加入青椒翻炒。

3

5公分 管狀薑泥
雞高湯粉 2小匙
烏醋海蘊
醬油 2小匙
管狀蒜泥
5公分
酒 1大匙

中火 → ✕

將事先調勻的Ⓐ倒入鍋中繼續拌炒。

4

太白粉水

太白粉 1大匙
水 2大匙

中火

先關火,倒入以2倍的水調開的太白粉水,再以中火加熱至湯汁變稠為止。

93

風味濃郁的
高麗菜雞肉牛奶鍋

免剩食

雞腿肉與高麗菜以牛奶燉到軟爛後，
好吃到升天的美味料理就誕生了！
這道菜可是大手筆地使用了500毫升的牛奶喔～

 **4** 人份

 20 分鐘

 材料

· 高麗菜
　…1/2顆
　（450公克左右）
· 雞腿肉
　…1塊（300公克左右）
· 牛奶…500毫升
· 管狀蒜泥…6公分

· 奶油…10公克
· 雞蛋…2顆
Ⓐ · 雞高湯粉
　　…1又1/2大匙
· 酒…5大匙
· 味醂…5大匙

1

將高麗菜切成大塊，雞腿肉則切成一口大小。

2

雞高湯粉　1又1/2大匙
酒　5大匙
味醂　5大匙

雞腿肉
↑
高麗菜

中火
10分鐘
鍋蓋

將高麗菜鋪滿鍋底，再擺上雞肉，接著倒入Ⓐ，蓋上鍋蓋，以中火悶煮10分鐘。

3

牛奶
500
毫升

管狀蒜泥　6公分

奶油　10公克

倒入牛奶、管狀蒜泥、奶油後，稍微攪拌一下。

4

雞蛋

中火
約4分鐘
鍋蓋

打入2顆蛋，蓋上鍋蓋，以中火悶煮4分鐘，直到雞蛋半熟為止。

兔剩食

維也納香腸
高麗菜一鍋煮

家庭聚餐端出這道菜時，我總是叫大家最好不要吃，
然後把內鍋緊緊抱在懷裡，生怕被別人搶走
——哎，這道菜就是好吃得讓人想要獨享啊！

4 人份

17 分鐘

材料

・高麗菜
　…1/2顆
　（450公克左右）
・維也納香腸…5～6根
・麵味露（3倍濃縮）
　…4大匙

Ⓐ ・酒…100毫升
・水…300毫升
・鹽…1/4小匙
・粗研磨黑胡椒
　…1/4小匙
・奶油…10公克

1

將高麗菜切成大塊，維也納香腸則斜刀對切。

2

在鍋底鋪滿高麗菜，擺上香腸，倒入Ⓐ後蓋上鍋蓋，以大火煮滾後轉成小火，繼續加熱12分鐘。

3

關火後淋上麵味露即可。

黑胡椒加多了
會有刺激的辛辣味，
所以小孩子也要吃的話，
記得少加一點。

除了配飯吃，剩下的湯汁還可以拿來做義大利麵。

味噌風味蔥蒜鯖魚

免剩食

2 人份

10 分鐘

材料

· 長蔥…1根
· 味噌鯖魚罐頭…1罐（180公克左右）
· 大蒜…3瓣
· 鹽…2小撮
· 橄欖油…80毫升（6大匙左右）
· 七味辣椒粉…1小把

1

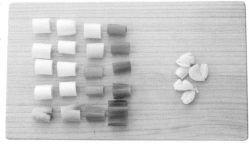

將長蔥切成3公分寬，再將大蒜去皮拍碎。

2

鹽 2小撮

長蔥

橄欖油 80毫升

大蒜

小火 8分鐘

將1放入鍋中，加入鹽、橄欖油，以小火加熱8分鐘，並記得偶爾翻動長蔥。

3

味噌鯖魚罐頭

小火 4分鐘

倒入味噌鯖魚，繼續以小火加熱4分鐘。盛盤後，撒上七味辣椒粉。

為了這道菜，我家可是隨時都準備好咖哩粉呢。

咖 哩 水 煮 蛋

//////////////////////////

2 人份

10 分鐘

（扣除浸泡的時間）

材 料

· 雞蛋…6顆
Ⓐ · 橄欖油…1大匙
· 管狀蒜泥…2公分
· 咖哩粉…1大匙
· 水…50毫升
· 砂糖…1/2小匙
· 鹽…1小匙

1

雞蛋

大火 7分鐘

煮一大鍋滾水，放入雞蛋，用大火煮7分鐘後，撈出來剝掉蛋殼。

2

水 50毫升

咖哩粉 1大匙

橄欖油 1大匙

管狀 蒜泥 2公分

砂糖 1/2小匙

鹽 1小匙

中火

將Ａ全數倒入鍋中，一邊攪拌，一邊以中火加熱至稍微冒泡即可關火。

3

1

2

將1與2一起倒入保鮮袋，放在冰箱冷藏醃漬一晚到一天。

免剩食

檸檬奶油熱炒
雞胸肉花椰菜

正在減肥的朋友要我用花椰菜及雞胸肉變出好料,
沒想到煮好後,他居然一個人吃了四人份!
欸~吃這麼多的話,不就失去減肥的意義了嗎?

材料

· 花椰菜…1棵
· 雞胸肉
　　…1塊（250公克左右）
· 水…2大匙
· 奶油…10公克

Ⓐ · 檸檬汁…1大匙
· 酒…1大匙
· 雞高湯粉…1大匙
· 鹽…1小撮
· 胡椒…2小把

1

將花椰菜切成小朵，雞胸肉則切成3公分見方的塊狀。

2

花椰菜　水　2大匙

保鮮膜

微波
3分鐘

將花椰菜放入耐熱容器，灑一點水後，鬆鬆地包上保鮮膜，放入600W的微波爐加熱3分鐘。

3

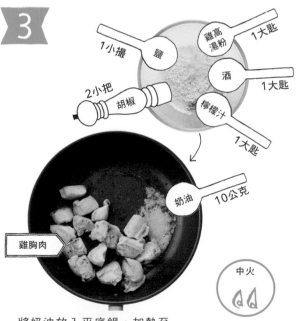

1小撮　鹽　雞高湯粉　1大匙
2小把　胡椒　酒　1大匙
檸檬汁　1大匙
雞胸肉　奶油　10公克

中火

將奶油放入平底鍋，加熱至融化後，加入雞胸肉，以中火炒至變色，再倒入Ⓐ。

4

花椰菜

中火
1～2分鐘

加入花椰菜，拌炒1～2分鐘即可。

配飯下酒的終極「良伴」～真是害人不淺啊！

免剩食

鮮味十足的涼拌榨菜菇菇

//////////// // //////////////

材料 | 4 人份 | 9 分鐘

・榨菜…100公克左右
・鴻喜菇
　…1株（150公克左右）
・金針菇
　…1株（150公克左右）

・水…2大匙
Ⓐ
・雞高湯粉…1小匙
・麻油…2大匙
・胡椒…1小把
・管狀蒜泥…4公分

1

將榨菜切成1公分寬，鴻喜菇、金針菇則先切掉根部再拆散。

2

2大匙　水

保鮮膜

微波
4分30秒

將鴻喜菇、金針菇放入耐熱缽，灑一點水後，鬆鬆地包上保鮮膜，放入600W的微波爐加熱4分30秒。

3

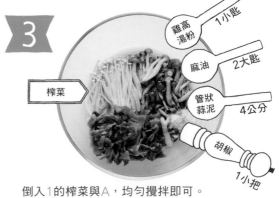

雞高湯粉　1小匙
麻油　2大匙
榨菜
管狀蒜泥　4公分
胡椒　1小把

倒入1的榨菜與Ⓐ，均勻攪拌即可。

※請倒入乾淨的容器，放進冰箱冷藏，並在4天內吃完。

金針菇的鮮味光是加上起司的鹹味，就好吃到讓人軟腳。

培根蛋香金針菇

///

2 人份

7 分鐘

材料

· 金針菇…1株（150公克左右）
· 半塊大小的培根…4片
Ⓐ · 雞蛋…1顆
· 起司粉…1大匙
· 醬油…1小匙
· 管狀蒜泥…2公分
· 橄欖油…2小匙
· 粗研磨黑胡椒…2小把

1

起司粉 1大匙
醬油 1小匙
雞蛋
管狀蒜泥 2公分

金針菇先切掉根部再拆散，培根則切成1公分寬。將A的所有材料倒入缽內攪拌均勻。

2

培根
橄欖油 2小匙
金針菇
中火

在平底鍋倒入橄欖油，加入1的培根與金針菇，以中火炒軟後關火。

3

趁熱倒入1的A，快速拌炒一下。盛盤後，撒上粗研磨黑胡椒。

103

白菜與牛奶的組合堪稱完美！沒煮過的人務必試看看。

蛤蜊巧達湯風味白菜鍋

免剩食

//////////// ///////////// ////////////// //////////// /////////////

材料

3 人份

14 分鐘

・半塊大小的培根…4片
・白菜…1/4顆
　（600～700公克左右）
・奶油…20公克
Ⓐ・法式高湯塊…1塊

・牛奶…200毫升
・水…200毫升
・水煮蛤蜊罐頭…1罐
・鹽…2小撮
・胡椒…2小把

1

將培根切成1～2公分寬，白菜切成粗段。

2

奶油 20公克

培根

中火

將奶油放入平底鍋，加熱至融化後，倒入1的培根以中火拌炒。

3

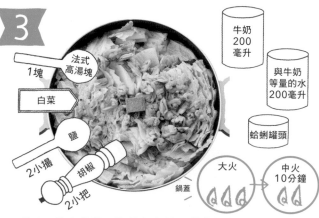

法式高湯塊 1塊

白菜

鹽 2小撮

胡椒 2小把

牛奶 200 毫升

與牛奶等量的水 200毫升

蛤蜊罐頭

鍋蓋

大火

中火 10分鐘

放入1的白菜與Ⓐ的所有食材，蓋上鍋蓋，以大火煮滾後，轉成中火繼續悶煮10分鐘。

只是把現買的蔬菜切塊後跟番茄一起燉而已，
是能將食材用到一點不剩的究極料理。

把蔬菜吃光光的普羅旺斯燉菜

免剩食

| 材料 | 2 人份 | 15 分鐘 |

· 番茄罐頭（整顆）…1罐　Ⓐ · 酒…50毫升
· 彩椒…1顆　　　　　　　　　 · 鹽…1小匙
· 圓茄…3個　　　　　　　　　 · 管狀蒜泥…5公分
· 洋蔥…1顆　　　　　　　　　 · 胡椒…1小把
· 橄欖油…1大匙　　　　　　　 · 法式高湯塊…1塊

1

將彩椒、洋蔥切成3公分見方的塊狀，
圓茄則切成3公分寬的半圓形。

2

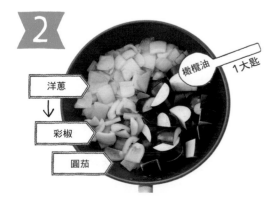

洋蔥
↓
彩椒
↓
圓茄

橄欖油　1大匙

先在平底鍋加熱橄欖油，再倒入洋蔥，炒至
顏色變得透明後，加入彩椒、圓茄拌炒，直
到食材表面均勻沾到油為止。

3

酒 50毫升　　管狀蒜泥 5公分　　番茄罐頭

鹽 1小匙　　法式高湯塊 1塊　　胡椒 1小把

中火 15分鐘　鍋蓋

倒入番茄罐頭，用鍋鏟將番茄壓爛後加
入Ⓐ，蓋上鍋蓋，以中火悶煮15分鐘。

讓胡蘿蔔的草腥味與澀味都歸零，美味順口的佳餚。

免剩食

圓滾滾又清脆的胡蘿蔔排

材料

1
人份

15
分鐘

· 胡蘿蔔…1根
· 橄欖油…1又1/2大匙
· 起司粉…2小匙
· 粗研磨黑胡椒…2小把

1

保鮮膜

微波
3分鐘

用保鮮膜包住胡蘿蔔，放入600W的微波
爐加熱3分鐘。

2

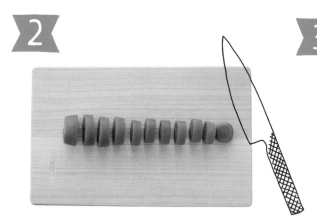

放涼後切成1公分寬。

3

橄欖油　1又1/2大匙

小火
10分鐘

在平底鍋倒入橄欖油，以小火熱油，接著
放入2加熱10分鐘。盛盤後，撒上起司粉
與粗研磨黑胡椒。

用麻油快炒過的小黃瓜放到隔天脫水得恰到好處。

柑橘醋醃漬超入味小黃瓜

//

免剩食

2 人份

6 分鐘

（扣除浸泡的時間）

材料

・小黃瓜…2根
・麻油…2大匙
Ⓐ ・柑橘醋醬汁…3大匙
・白熟芝麻…1大匙
・鹽昆布…1小匙

1

小黃瓜切成5公分長的棒狀。

2

麻油 2大匙

小黃瓜

大火
1～2分鐘

在平底鍋倒入麻油，再以大火快炒1的
小黃瓜1～2分鐘。

3

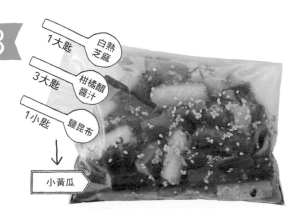

1大匙 白熟芝麻

3大匙 柑橘醋醬汁

1小匙 鹽昆布

↓

小黃瓜

將Ⓐ倒入保鮮袋拌勻後，加入放涼的2，
醃漬一晚到一天。

107

整顆洋蔥燉菜

這是由愛吃洋蔥的人為了同好所研發出來的燉菜。
姑且不論有沒有肉，要是想吃燉菜裡軟爛濃稠的洋蔥，
就可以煮這道菜來吃喔！

3 人份

8 分鐘
（扣除煮飯的時間）

材料

· 洋蔥…2顆
· 半塊大小的培根 …8片
· 蔬果汁…200毫升
· 水…200毫升
· 牛奶…200毫升
· 燉牛肉風味料理塊 …4塊
· 奶油…10公克

1

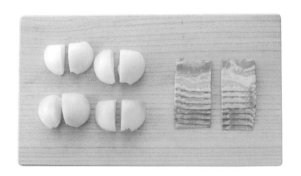

洋蔥去皮，切成1/4塊。
培根切成兩半。

2

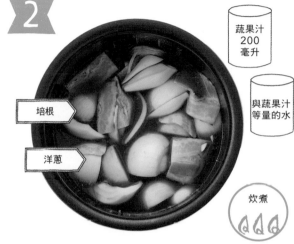

蔬果汁 200 毫升

與蔬果汁 等量的水

培根

洋蔥

炊煮

將1放入電子鍋內鍋，再倒入蔬果
汁與水炊煮。

3

牛奶 200 毫升

燉牛肉 料理塊
4塊

保溫模式 1小時

將牛奶、燉牛肉風味料理塊加入
鍋中，以木製鍋鏟等一邊攪拌一
邊炒散洋蔥後，切換成保溫模
式，靜置1小時。

4

奶油 10公克

拌入奶油後盛盤即可。

免剩食

蒲燒奶油茄子

我已經想不起這道菜到底做過幾次了⋯⋯。
在那麼多蒲燒料理中,我覺得這道甚至比鰻魚好吃。
說不定就是茄子救了鰻魚一命呢～

2 人份

10 分鐘

材料

A {
· 圓茄…2個
· 奶油…10公克
· 味酥…2大匙
· 醬油…2大匙
· 砂糖…2小匙
}

· 奶油（收尾用）
　　…5公克×2份
· 白飯…2碗

1

將圓茄切成0.5公分左右的寬度。

2

奶油　10公克

中火
2～3分鐘

將奶油放入平底鍋，加熱至融化後，放入1，以
中火煎兩面2～3分鐘。

3

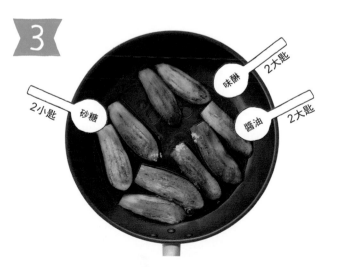

味酥　2大匙

2小匙　砂糖

醬油　2大匙

有些茄子容易
吸油而煎焦，
這一點要特別小心。
在最後的步驟則記得要
讓食材均勻沾上醬汁。

倒入A，加熱至水分收乾、湯汁變得黏稠。
將圓茄平均鋪在2碗飯上，最後擺上奶油收
尾。

煮了這道菜好幾次，每次都很驚訝萵苣居然一下子就被掃光。

整顆吃光光的萵苣雞肉鍋

免剩食 //

材料

🍴 **3** 人份

🕐 **15** 分鐘

· 結球萵苣…1顆
· 雞腿肉…1塊（300公克左右）
Ⓐ · 酒…2大匙
· 醬油…2大匙
· 雞高湯粉…1大匙
· 水…370毫升

· 麻油…1大匙
· 粗研磨黑胡椒
　　…3小把

1

將萵苣撕成7～8公分寬，雞腿肉切成一口大小。

2

雞高湯粉　1大匙
酒　2大匙
水　370毫升
醬油　2大匙

雞腿肉
↑
萵苣

大火 → 小火 10分鐘 ～鍋蓋

萵苣會出水，
所以先放萵苣
是這道料理的重點。

將結球萵苣放入鍋中，擺上雞腿肉，倒入全部的Ⓐ。以大火煮至冒泡後轉成小火，蓋上鍋蓋悶煮10分鐘，最後倒入麻油，撒上粗研磨黑胡椒。

紫蘇一到當季就特別便宜，如果一時用不完，我會在爛掉之前做成韓式涼拌菜。

讓人著迷的韓式涼拌紫蘇

免剩食

2 人份　　**5** 分鐘

材料

- 紫蘇…30片
Ⓐ
- 白芝麻粉…1/2大匙
- 麻油…1/2大匙
- 醬油…1/2大匙
- 砂糖…1/2小匙
- 管狀蒜泥…2公分

1

將紫蘇橫擺，切成0.5公分寬。

2

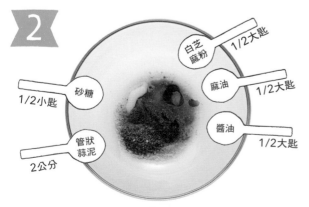

白芝麻粉 1/2大匙
砂糖 1/2小匙
麻油 1/2大匙
管狀蒜泥 2公分
醬油 1/2大匙

將Ⓐ倒入缽內攪拌均勻。

3

紫蘇

加入紫蘇拌勻即可。

口感蓬鬆夢幻的
一口炸什錦

///

老是說炸東西「很難很麻煩」的朋友試做這道菜後，
像是突然踏入新世界般，一路朝油炸料理之路狂奔。
但話說回來……什麼是油炸料理之路啊？

2 人份

18 分鐘

材料

· 洋蔥…1顆
· 低筋麵粉…4大匙
· 水…3大匙
· 麵味露（3倍濃縮）…2大匙
· 沙拉油…平底鍋1公分高的深度

1

將洋蔥切成薄片。

2

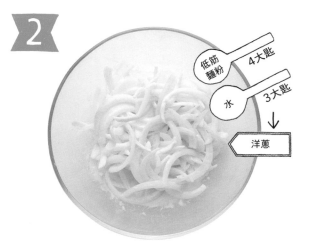

低筋麵粉 4大匙
水 3大匙
↓
洋蔥

將水倒入低筋麵粉中，攪拌至沒有結塊後拌入1。

3

將2的洋蔥分成一口大小。

4

油

略強
中火

在平底鍋內倒入1公分高的油，以中大火熱油後，分成3～4次放入3，炸到呈金黃色為止。再以比麵味露多1倍的水量調開麵味露，就能沾著稀釋過的醬汁吃了。

※油只要倒1公分高就夠了。由於用量不多，所以收拾的時候也只要用餐巾紙吸一吸就可以。

我真的很想頒給這道菜「5分鐘就搞定的年度最佳配菜獎」呢。

梅肉柴魚片拌豆芽

免剩食

材料

- 豆芽菜…1包（200公克左右）
- 梅乾…2顆
- 麵味露（3倍濃縮）…2大匙
- 柴魚片…2.5公克（小包裝1包）

3 人份　**5** 分鐘

1

梅乾去子留肉，再將梅肉剁碎。

2

豆芽菜

保鮮膜

微波 2分鐘

將豆芽菜放入耐熱缽，鬆鬆地包一層保鮮膜，放入600W的微波爐加熱2分鐘後稍微瀝掉水分。

3

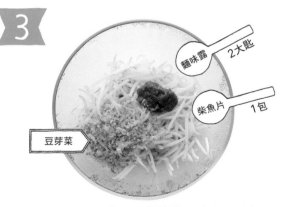

麵味露 2大匙

柴魚片 1包

豆芽菜

加入1的梅肉、麵味露、柴魚片拌勻即可。

4

「免開火」
食譜

煮菜時控制火候很難，
眼睛還得一直盯著平底鍋或湯鍋不敢移開⋯⋯
其實呢，只要有微波爐與電子鍋，
不用瓦斯爐就能煮出一道道美味的料理！
本章要介紹的是簡單到不會失敗，又快又免開火的好料食譜。

用微波爐就能做！
滋味最濃厚的培根蛋麵

///

念大學的時候，男性朋友們曾對我說：
「什麼？你會做培根蛋麵？那嫁給我！」
其實是因為有這麼簡單的食譜啊，還真希望他們多珍惜自己呢～

1 人份

15 分鐘

材料

・義大利麵
　　…1把（100公克）
・半塊大小的培根
　　…40公克
A ・水…250毫升
・管狀蒜泥…3公分
・法式高湯粉…1小匙

B ・披薩專用起司
　　…40公克
　　（5大匙左右）
・雞蛋…2顆
・橄欖油…1小匙
・粗研磨黑胡椒
　　…1/4小匙

1

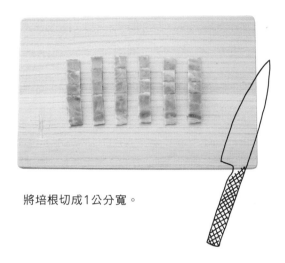

將培根切成1公分寬。

2

法式高湯粉 1小匙

義大利麵

培根

水 250毫升

管狀蒜泥 3公分

微波
包裝建議時間
+3分鐘

將對折的義大利麵、1的培根、A放入耐熱容器裡，再放入600W的微波爐加熱，加熱時間為包裝建議時間再加3分鐘，不用另外包保鮮膜。

3

起司

雞蛋

橄欖油 1小匙

將B倒入缽內攪拌均勻。

4

2

10秒

趁熱將2倒入缽中，靜置10秒，再以筷子攪拌均勻。盛盤後，撒上粗研磨黑胡椒。

※如果2加熱後滲出多餘的水分，請先瀝乾再倒入3的缽中。
※趁熱將麵條倒入缽中，靜置10秒再攪拌，正是這道料理的重點。

多少都吃得下的
鱈魚子美乃滋義大利麵

我實在太愛鱈魚子的顆粒口感了～
所以之前明明一個人住卻買了40條鱈魚子，簡直堪稱鱈魚子事變。
雖然那陣子每天都吃鱈魚子，但這道料理卻怎麼也吃不膩。

人份　1

14 分鐘

材料

・義大利麵
　　…1把（100公克）
・鹽…1小撮
・水…350毫升
・奶油…10公克

・日式美乃滋…1大匙
・麵味露（3倍濃縮）
　　…2小匙
・鱈魚子…1條
・配料：8片裝海苔1片

1

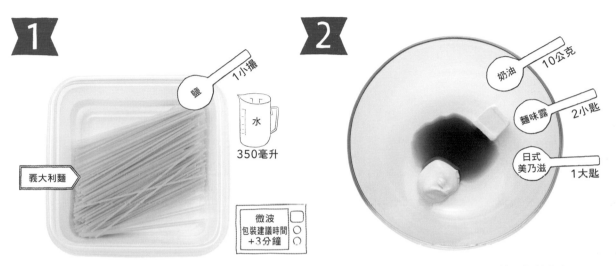

鹽　1小撮

水　350毫升

義大利麵

微波
包裝建議時間
+3分鐘

將對折的義大利麵、鹽、水放入耐熱容器裡，
再放入600W的微波爐加熱，加熱時間為包裝
建議時間再加3分鐘，不用另外包保鮮膜。

2

奶油　10公克

麵味露　2小匙

日式美乃滋　1大匙

將奶油、麵味露、美乃滋倒入缽裡攪拌均勻。

3

瀝乾水分的 1

1加熱後取出，瀝掉多餘的水分，再
倒入2的缽內攪拌均勻。

4

鱈魚子

將撕掉薄膜的鱈魚子倒入缽裡。均勻攪拌後盛
盤，鋪上撕成小塊的海苔。

※用明太子來做也很好吃喔。
※鱈魚子通常是1包裝2條，所以這裡特別註明「1條」，可別弄錯分量。

121

波隆那肉醬義大利麵

///

咦，剛剛有義大利人來過嗎？
這道料理的風味就是這麼純正，簡直讓人以為是義大利人煮的。
用調味包的漢堡排煮也沒問題喲。

- 義大利麵
  …1把（100公克）
- 水…200毫升
- 法式高湯粉
  …1又1/2小匙

- 番茄汁…100毫升
- 小肉丸
  …1包（120公克）
- 胡椒…2小把
- 起司粉…1/2小匙

1

水
200毫升

法式
高湯粉　1又1/2小匙

義大利麵

微波
包裝建議時間
+1分鐘

將對折的義大利麵、水、法式高湯粉倒入
耐熱容器，再放入600W的微波爐加熱，
加熱時間為包裝建議時間再加1分鐘，接
著把麵條攪散。

2

隔著袋子將小肉丸壓散。

3

小肉丸

胡椒
2小把

番茄汁
100毫升

微波
2分鐘

將番茄汁、2、胡椒加入1的容器裡，放入
600W的微波爐加熱2分鐘，不用另外包
保鮮膜。

4

均勻攪拌後盛盤，撒上起司粉。

光是金針菇的鮮味就夠好吃了……我想只靠這個人類就活得下去了吧～（才怪）

免開火

金針菇醬油奶味義大利麵

///

材料　　| 1人份　| 14分鐘

・金針菇
　　…1株（150公克左右）
・珠蔥…2根
・義大利麵…1把（100公克）
・鹽…1小撮
・水…250毫升

Ⓐ ・醬油…2大匙
・日式高湯粉
　　…1/2小匙
・奶油…20公克
・胡椒…1小把

1

將金針菇的根部切掉，珠蔥切成蔥花。

2

金針菇
義大利麵

鹽 1小撮

水 250毫升

微波
包裝建議時間
+3分鐘

將對折的義大利麵、鹽、1的金針菇、水倒入耐熱容器，放入600W的微波爐加熱，加熱時間為包裝建議時間再加3分鐘，不用另外包保鮮膜，取出後攪散。

3

醬油 2大匙
日式高湯粉 1/2小匙
奶油 20公克
胡椒 1小把

均勻拌入Ａ之後，撒上1的珠蔥。

不用炒的醬炒烏龍麵

//

免開火

2 人份

10 分鐘

材料

・冷凍烏龍麵…1份
・高麗菜絲…1包（150公克左右）
・豬五花薄片…100公克

Ⓐ
・醬油…2小匙
・麵味露（3倍濃縮）…1大匙
・雞高湯粉…1小匙
・中濃醬…3大匙
・麻油…1/2大匙
・柴魚片…2.5公克（小包裝1包）
・珠蔥…2根

1

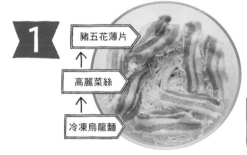

豬五花薄片
↑
高麗菜絲
↑
冷凍烏龍麵

微波
5分鐘

將冷凍烏龍麵、高麗菜絲放入耐熱缽，再將切成10公分長的豬五花薄片鋪在上面，放入600W的微波爐加熱5分鐘，不用另外包保鮮膜。

2

微波
3分鐘

倒入Ⓐ拌勻，不包保鮮膜，放入微波爐加熱3分鐘後攪拌均勻（※）。盛盤後，撒上用廚房剪刀剪的蔥花，鋪上柴魚片。

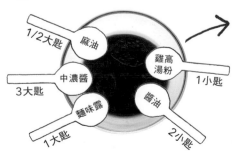

1/2大匙 麻油

雞高湯粉 1小匙

中濃醬 3大匙

麵味露 1大匙

醬油 2小匙

※如果豬肉不夠熱，就以30秒為單位逐步加熱。

酪梨培根什錦炊飯

免開火

我實在很想跟大家說，就當做是上當，試做一次也好～
因為這道料理真的超級無敵好吃的啦！

4 人份

5 分鐘
（扣除煮飯的時間）

材料

· 進口酪梨…1顆
· 厚片培根…100公克
· 白米…2米杯（300公克左右）
· 奶油…10公克
· 法式高湯塊…2塊
· 粗研磨黑胡椒…2小把

1

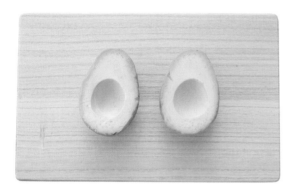

酪梨切成兩半，取出種子，剝掉外皮。

2

水
到2的刻度

白米

將洗好的米倒入電子鍋內鍋，再將水加到刻度2
（約360毫升）。

3

法式高湯塊 2塊

酪梨

厚片培根

炊煮

放入酪梨、厚片培根、法式高湯塊炊煮。

4

奶油 10公克

LAST
黑胡椒

加入奶油，用飯匙一邊壓碎酪梨一邊攪拌，接
著撒上粗研磨黑胡椒。

※如果電子鍋可以設定，就用炊什錦飯的模式，否則請以一般模式煮。
※要是用免洗米的白米，就可以跳過洗米的步驟。
※較硬的酪梨也能煮得鬆軟美味。

口感滑順的
擔擔起司燉飯

希望這道料理能推廣給全日本喜歡四川擔擔風味與起司風味的人。
如法炮製就能煮出這麼美味的擔擔起司燉飯喔⋯⋯。

2 人份

25 分鐘

材料

· 白米
  …1/2杯（85公克左右）
Ⓐ · 豬絞肉
  …50公克
  （4大匙左右）
· 水…300毫升
Ⓑ · 雞高湯粉…2小匙
· 豆漿…200毫升

· 珠蔥…2根
· 辣油（或麻油）…2滴
· 白芝麻粉…2大匙
· 披薩專用起司…60公克
  （7又1/2大匙左右）
· 管狀蒜泥…4公分

1

將珠蔥切成蔥花。

2

豬絞肉

白米

水 300毫升

微波 16分鐘

將洗好的白米與A一起倒入耐熱容器攪散後，不用包保鮮膜，放入600W的微波爐加熱16分鐘。

3

雞高湯粉 2小匙

豆漿 200毫升

微波 3分鐘

倒入B，再加熱3分鐘。

4

起司

白芝麻粉 2大匙

管狀蒜泥 4公分

加入白芝麻粉、管狀蒜泥、披薩專用起司，拌勻後盛盤，撒上1的珠蔥，再滴2滴辣油。

免開火

杏鮑菇燉飯

為什麼……為什麼能煮得這麼綿密呢？
這道料理的口感就是如此滑順溫和，直教人腦中浮現這個問號。
其實是因為白米的澱粉充分釋放才產生這種溼黏的口感喔。

130

1 人份 ・ 23 分鐘 ・ 材料

・杏鮑菇…1根
・白米
　…1/2杯（85公克左右）
Ⓐ・雞高湯粉…1大匙
　・胡椒…1小把
　・水…300毫升

・牛奶…100毫升
・奶油…20公克
・管狀蒜泥…1公分
・粗研磨黑胡椒
　…2小把

1

將杏鮑菇對切後再切成兩半，接著切成薄片。

2

水 300毫升

雞高湯粉 1大匙

胡椒 1小把

白米

微波 14分鐘

將洗好的白米、Ａ與1的杏鮑菇放入耐熱容器，再放入600W的微波爐加熱14分鐘。

3

牛奶 100毫升

微波 4分鐘

倒入牛奶，不用包保鮮膜，放入微波爐再加熱4分鐘。

4

奶油 20公克

管狀蒜泥 1公分

LAST 黑胡椒 2小把

倒入奶油、管狀蒜泥，攪拌至所有食材相融後，撒上粗研磨黑胡椒。

烏龍茶風味滷豬五花

咦？入口即化的軟嫩口感……這塊肉難道是液體？是液體沒錯吧？
烏龍茶讓豬肉變得清爽不油膩，簡直可以咕嚕一聲喝下肚呢！

4 人份

10 分鐘
（扣除煮飯與靜置的時間）

材料

· 豬五花塊…400公克
· 生薑…1小塊
· 長蔥…1/2根
Ⓐ · 烏龍茶…300毫升
· 酒…100毫升
· 砂糖…2大匙
· 醬油…100毫升

· 水煮蛋…4顆

—製作水煮蛋的材料—
· 雞蛋…4顆
· 水…750毫升
· 鹽…1/2大匙
· 醋…1小匙

1

長蔥切成4～5公分長，生薑切片，豬五花塊則切成4～5公分見方的塊狀。

2

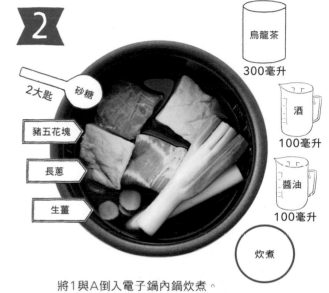

烏龍茶
300毫升

2大匙 砂糖

酒
100毫升

豬五花塊

醬油
100毫升

長蔥

生薑

炊煮

將1與Ⓐ倒入電子鍋內鍋炊煮。

3

水煮蛋

保溫模式
20分鐘

2的食材煮熟後，放入水煮蛋，切換至保溫模式悶20分鐘。

水煮蛋這麼煮

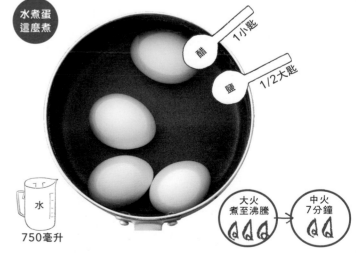

醋 1小匙

鹽 1/2大匙

水
750毫升

大火
煮至沸騰 → 中火
7分鐘

用單柄鍋把水煮滾後，放入醋、鹽、雞蛋煮7分鐘。接著用水沖洗1～2分鐘再剝殼。

※如果在超市或便利商店買到現成的水煮蛋，免開火就能完成這道料理。

※煮水煮蛋時，剛開始的1分鐘要先攪拌，讓蛋黃在蛋中央凝固。　※放入鹽與醋再煮會比較好剝殼。

風味清爽的
醋炒雞肉茄子

要是偷偷用了海蘊醋，可能會讓人誤以為來到了中餐廳！
這類酸酸甜甜的糖醋料理，用微波爐也能完成喔。

3 人份　**15** 分鐘　材料

- 雞腿肉
　…1塊（300公克左右）
- 圓茄…2個
- 麻油…1大匙
- 太白粉…2小匙

A
- 醬油…2大匙
- 砂糖…1大匙
- 烏醋海蘊…1盒
- 管狀薑泥
　…4公分

1

將雞腿肉切成一口大小，圓茄切成2～3公分寬的半圓形。

2

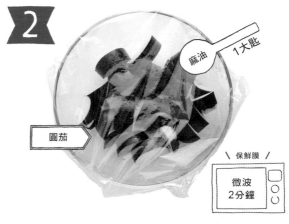

圓茄｜麻油｜1大匙｜保鮮膜｜微波 2分鐘

將圓茄、麻油倒入耐熱缽，鬆鬆地包上一層保鮮膜，放入600W的微波爐加熱2分鐘。

3

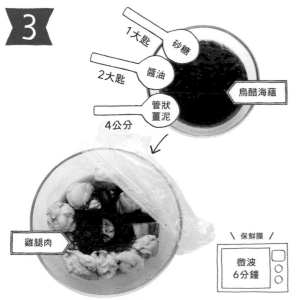

1大匙｜砂糖｜2大匙｜醬油｜管狀薑泥｜4公分｜烏醋海蘊｜雞腿肉｜保鮮膜｜微波 6分鐘

拌入雞腿肉、A，再鬆鬆地包上保鮮膜，放入微波爐加熱6分鐘。

4

2小匙｜太白粉｜4小匙｜水｜保鮮膜｜微波 2分鐘

以2倍的水調開太白粉，再將太白粉水拌入食材，接著鬆鬆地包上保鮮膜，放入微波爐加熱2分鐘，取出後快速攪拌一下即可。

免開火

美乃滋柑橘醋蒸高麗菜豬五花

//

雖然免開火，卻是能讓人飛快把飯掃光的配菜之一。
美乃滋與柑橘醋醬汁的絕妙雙重奏，讓人忍不住大快朵頤。

3 人份

10 分鐘

材料

· 高麗菜…3大片
（150～180公克）
· 豬五花薄片…150公克
· 醬油…2小匙
· 酒…2小匙
· 太白粉…2小匙

· 日式美乃滋…1大匙
· 柑橘醋醬汁…1大匙
· 七味辣椒粉…1小把

高麗菜與豬五花薄片都切成一口大小。

太白粉 2小匙
酒 2小匙
醬油 2小匙
豬肉

抓醃一下，讓豬五花薄片均勻沾上醬油、酒和太白粉。

柑橘醋醬汁 1大匙
日式美乃滋 1大匙
豬肉
↑
高麗菜

＼保鮮膜／
微波 4分鐘

將1的高麗菜放入耐熱缽，再鋪上2的豬五花薄片，加入美乃滋與柑橘醋醬汁，包上保鮮膜，放入600W的微波爐加熱4分鐘。

從底部往上均勻攪拌所有食材，確認豬肉煮熟了。盛盤後，撒上七味辣椒粉。

※要確認豬肉的熟度，如果不夠熟，就以30秒為單位逐步攪拌、加熱到煮熟為止。

明明是煮起來當常備菜，沒想到回過神來太太已經吃個精光⋯⋯

免開火

高麗菜涼拌午餐肉

/////////// /////////// ////// ////////////

2 人份

5 分鐘

材料

· 高麗菜絲
　…1包（130公克左右）
· 午餐肉…1罐
· 日式美乃滋…2大匙
· 粗研磨黑胡椒…1/4小匙

1

日式
美乃滋　2大匙

高麗菜絲

午餐肉

\ 保鮮膜 /

微波
2分30秒

將高麗菜絲、午餐肉、美乃滋倒入缽內，
均勻攪拌後，鬆鬆地包一層保鮮膜，放入
600W的微波爐加熱2分30秒。盛盤後，撒
上粗研磨黑胡椒。

午餐肉要是整塊攪不散，
微波加熱後
再攪拌一下即可。

※高麗菜絲可選擇涼拌專用的種類。

可以利用微波爐輕鬆快速地端出這道美味好湯。

芝麻美味！牛肉海帶芽清湯

////////// //////////// //////////////////// //////////////////////

免開火

材料

2 人份

10 分鐘

- 水…500毫升
- 乾燥海帶芽
　…3公克（1大匙）
- 長蔥（蔥白）…1/3根
- 牛五花薄片…130公克
- 酒…1大匙

- 鹽…1小撮
- 胡椒…2小把
Ⓐ
- 雞高湯粉…2小匙
- 醬油…1大匙
- 管狀蒜泥…4公分
- 白熟芝麻…1大匙

1

乾燥海帶芽

水
500毫升

將水、乾燥海帶芽倒入耐熱缽，等海帶芽泡發。長蔥先切成蔥花。

2

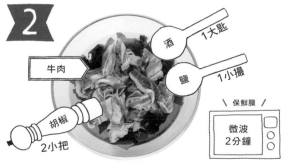

酒 1大匙
牛肉
鹽 1小撮
胡椒 2小把

＼保鮮膜／
微波 2分鐘

將牛五花薄片、酒、鹽、胡椒加入1的缽內，均勻攪拌後，鬆鬆地包一層保鮮膜，放入600W的微波爐加熱2分鐘。

3

管狀蒜泥 4公分
白熟芝麻 1大匙
長蔥
醬油 1大匙
雞高湯粉 2小匙

＼保鮮膜／
微波 6分鐘

倒入A和1的長蔥，攪拌後包回保鮮膜，放入微波爐加熱6分鐘。

鹹香鮮美的長蔥炊肋排

免開火

要是不動聲色地把這道邪惡的料理端上桌，可是會立刻引爆食物爭奪戰喔！
到了最後階段再放入長蔥，可以保留爽脆的口感。
剩下的湯汁還能用來煮泡麵或鹹粥。

140

3~4 人份

10 分鐘
（扣除醃漬與炊煮的時間）

材料

· 肋排…5根
· 鹽…1又1/2小匙
· 粗研磨黑胡椒…1/2小匙
· 酒…100毫升
· 水…400毫升
· 長蔥…1/2根

1

鹽 1又1/2小匙
黑胡椒 1/2小匙

肋排

冷藏
一晚到
一天

用鹽、粗研磨黑胡椒揉醃肋排後冷藏一晚到一天，等待入味。

2

水 400毫升
酒 100毫升

1

炊煮

將1、酒、水放入電子鍋內鍋炊煮。

3

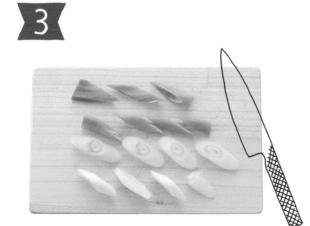

以斜刀將長蔥切成斜片。

4

長蔥

保溫模式
30分鐘

煮好後，將3的長蔥加入內鍋，再用保溫模式悶30分鐘。

讓白飯如魔法般消失的
韓式生拌青魽

如果連韓式生拌牛肉的醬汁都懶得做，就偷吃步買燒肉醬吧。
拌一拌麻油，打顆蛋黃，就會讓人誤以為是生拌牛肉呢！
除了下酒，也能做成丼飯或茶泡飯～

・生食等級的青魽
　　…150公克
・日式燒肉醬…2大匙
・醬油…1小匙
・麻油…1小匙

・蛋黃…1顆
・珠蔥…1根
・白熟芝麻…1/2小匙

材料

1

將珠蔥切成蔥花，生食等級的青魽用菜刀剁成泥。

2

日式燒肉醬　2大匙
醬油　1小匙
麻油　1小匙
1的青魽

將燒肉醬、醬油、麻油倒入缽內攪拌，再拌入1的青魽肉泥。

3

盛盤後打上蛋黃，撒上1的珠蔥、白熟芝麻。

除了青魽，
也可以用鮭魚、
竹筴魚或鮪魚，
都很好吃喔。

→剩下的蛋白可於p156～159使用

兔開火

令人感動的
酪梨醬漬鮭魚

用燒肉醬醃生魚片？這簡直是對新鮮魚肉的褻瀆啊～
其實我以前也有過這種想法……
只是後來發現這麼做還挺好吃的啊。

3 人份

6 分鐘
（扣除浸泡的時間）

材料

- 進口酪梨⋯1顆
- 生食等級的鮭魚
  ⋯1塊（150～
  180公克左右）
- 日式燒肉醬⋯3大匙

- 醬油⋯1大匙
- 麻油⋯1/2小匙
- 白芝麻粉⋯
  1/2小匙
- 蛋黃⋯1顆

1

酪梨切成兩半，去子剝皮，將果肉切成1公分寬。生食等級的鮭魚同樣切成1公分寬。

2

1/2小匙 白芝麻粉

1/2小匙 麻油

日式燒肉醬 3大匙

醬油 1大匙

將燒肉醬、醬油、麻油、白芝麻粉倒入缽內，再拌入1的酪梨與鮭魚。

3

保鮮膜

冷藏 20分鐘

包上保鮮膜，冷藏醃漬20分鐘，取出後打上蛋黃即可。

這道料理的重點在於
鮭魚與酪梨
要切得一樣厚。

→剩下的蛋白可於p156～159使用

免開火

日式紅薑肉燥

紅薑的清脆口感與淡淡酸味，能徹底襯托出豬肉的鮮甜，
當然也非常下飯——這傢伙可是減肥的天敵啊。
不過，還是忍不住想吃就是了……

3 人份　　**10** 分鐘　　材料

· 紅薑…4大匙
· 豬絞肉…150公克
· 砂糖…1又1/2大匙
· 醬油…3大匙
· 麻油…2小匙

1

將紅薑切末。

2

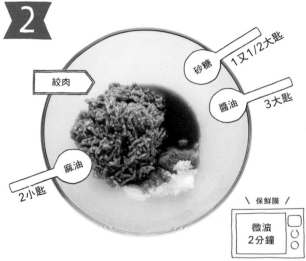

絞肉

麻油　2小匙

砂糖　1又1/2大匙

醬油　3大匙

保鮮膜

微波
2分鐘

將豬絞肉、醬油、砂糖、麻油倒入耐熱缽攪拌
均勻後，鬆鬆地包上一層保鮮膜，放入600W
的微波爐加熱2分鐘。

3

微波
3分鐘

拿掉保鮮膜，從底部往上攪
拌，放入600W的微波爐
加熱3分鐘，不用再包保鮮
膜。

4

紅薑

倒入1的紅薑，一邊攪散肉燥，一邊將食材
拌勻。

用微波爐偷吃步的嫩豆腐鍋

免開火

材料

4
人份

13
分鐘

1

長蔥以斜刀切成薄片，嫩豆腐切成4公分見方的塊狀，豬五花薄片切成一口大小。

・長蔥…1/2根
・嫩豆腐…1塊（300公克左右）
・豬五花薄片…100公克
・水煮蛤蜊罐頭
　　…1罐（130公克左右）
・韓式泡菜
　　…60公克（7大匙左右）

Ⓐ ・酒…2大匙
・雞高湯粉…1大匙
・砂糖…1小匙
・水…4大匙
・一味辣椒粉…1/2小匙
・管狀蒜泥…5公分

2

水煮蛤蜊罐頭

長蔥

泡菜

嫩豆腐

將水煮蛤蜊、嫩豆腐、長蔥、泡菜放入耐熱缽。

3

豬肉

1小匙　砂糖　雞高湯粉　1大匙

1/2小匙　一味辣椒粉　酒　2大匙

管狀蒜泥　水　4大匙

5公分

\ 保鮮膜 /

微波
8分鐘

將豬五花薄片鋪在2上，倒入事先調勻的Ａ，包上保鮮膜，放入600W的微波爐加熱8分鐘。

這是目前所有用微波爐烹調的菜色中最美味的，真想向發明微波爐的人致敬啊。

入口即化的柑橘醋漬茄子

//

免開火

2 人份　**10** 分鐘

（扣除浸泡的時間）

材料

・圓茄…3個
・麻油…2大匙
Ⓐ ・柑橘醋醬汁…3大匙
　・管狀薑泥…6公分
　・白熟芝麻…2小匙
・珠蔥…1根

1

圓茄垂直對切，以斜刀在表面劃出幾道刀口，再垂直切成兩半。

2

麻油　2大匙

\ 保鮮膜 /　攪拌　\ 保鮮膜 /
微波3分鐘 → 微波3分鐘

將1放入耐熱缽，均勻淋上麻油，接著鬆鬆地包一層保鮮膜，放入600W的微波爐加熱3分鐘。取出後攪拌均勻，再微波3分鐘。

3

柑橘醋醬汁　3大匙
白熟芝麻　2小匙
管狀薑泥　6公分

15分鐘

將A全部倒入缽內，拌勻後靜置15分鐘。盛盤後，撒上切成5～6公分長的珠蔥。

149

想把長蔥煮得軟爛順口，只要微波5分鐘就OK！

微波爐蒸煮整根長蔥

2 人份　　**5** 分鐘

材料

・長蔥…1根
Ⓐ ・鹽…2小撮
・橄欖油…1大匙
・管狀蒜泥…3公分

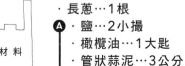

1

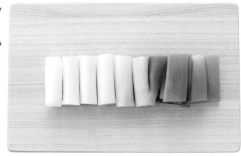

長蔥切成5～6公分長。

2

\ 保鮮膜 /

微波
3分鐘

用保鮮膜將長蔥包得緊緊的，放入600W
的微波爐加熱3分鐘。

3

橄欖油　1大匙

管狀
蒜泥
3公分

鹽　2小撮

微波好之後盛盤，淋上事先調勻的Ⓐ。

雖然算不上讓人大吃一驚的美味，但轉眼盤底朝天這件事倒是讓人大吃一驚。

起司條涼拌茄子

///

免開火

材料
・圓茄…2個
・橄欖油…3大匙
・手撕起司條…2根
・管狀蒜泥…3公分
・鹽…1/4小匙
・粗研磨黑胡椒…2小把

1

先將茄子縱切成1公分寬的片狀，再接著切成1公分寬的棒狀。

2

橄欖油 3大匙
鹽 1/4小匙
圓茄

\保鮮膜/ 攪拌 \保鮮膜/
微波 2分鐘 → 微波 2分鐘

將1、橄欖油、鹽倒入耐熱缽攪拌均勻後，包上保鮮膜，放入600W的微波爐加熱2分鐘，取出後攪拌均勻，再加熱2分鐘。

3

管狀蒜泥 3公分
黑胡椒 2小把
起司

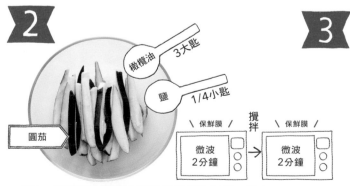

將管狀蒜泥、粗研磨黑胡椒倒入2的碗中，均勻攪拌後，將起司條撕成約0.3公分的細絲，與剛剛的食材拌勻。

免開火

醃漬白菜煮三寶菜

「八寶菜是什麼啊？平常下班怎麼可能買得到8種食材啦！」
會氣得說出這種話的人，不妨試著做做這道料理吧。
它可是好吃到會讓你驚呼：「要是其他5種食材都到齊還得了！」

- 杏鮑菇…2根
- 豬五花薄片
　　…150公克
- 淺漬白菜…200公克
- 太白粉…1大匙
- 水…2大匙

Ⓐ
- 雞高湯粉…2小匙
- 醬油…2小匙
- 酒…1大匙
- 味醂…1大匙
- 麻油…2小匙

材料

1

將杏鮑菇縱切成薄片，再攔腰對切。豬五花薄片切成一口大小。

2

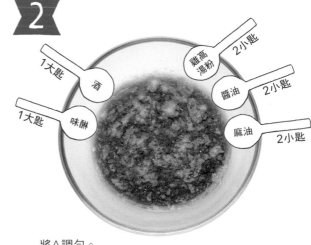

將A調勻。

3

將淺漬白菜（※）、1的杏鮑菇放入耐熱缽，鋪上豬五花薄片，再倒入2。包上保鮮膜，放入600W的微波爐加熱7分鐘。

※若使用新鮮白菜，分量約是1/8顆。

4

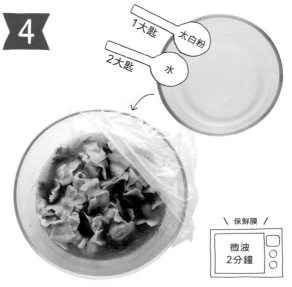

以2倍的水量調開太白粉，再將太白粉水均勻拌入食材裡。包上保鮮膜，放入微波爐加熱2分鐘，取出後趁熱快速拌勻。

※買來的白菜可以用廚房剪刀剪成塊。

如果超市剛好打對折，我會一口氣買一大堆，全都用來煮這道菜。

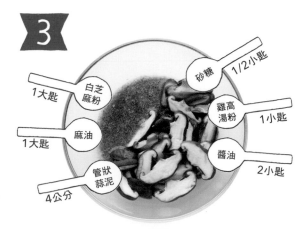
免開火

口感鬆軟的韓式涼拌香菇

材料

2 人份

7 分鐘

・香菇…8朵
・酒…2小匙
Ⓐ ・白芝麻粉…1大匙
　 ・雞高湯粉…1小匙
　 ・麻油…1大匙

・醬油…2小匙
・砂糖…1/2小匙
・管狀蒜泥…4公分

1

將香菇柄切掉，再切成0.5公分寬的薄片。

2

酒 2小匙

香菇

＼ 保鮮膜 ／

微波 2分30秒

將1的香菇、酒倒入耐熱缽，鬆鬆地包上一層保鮮膜，放入600W的微波爐加熱2分30秒。

3

白芝麻粉 1大匙

麻油 1大匙

管狀蒜泥 4公分

砂糖 1/2小匙

雞高湯粉 1小匙

醬油 2小匙

將Ⓐ倒入2中，攪拌均勻即可。

「不會吧，光這樣攪拌怎麼可能變成飲……咦？這真的是薑汁汽水耶！」

貨真價實的薑汁汽水

免開火

1 杯分

3 分鐘

材料

- 檸檬汁…2大匙
- 管狀薑泥…4公分
- 蜂蜜…2大匙
- 氣泡水…200毫升

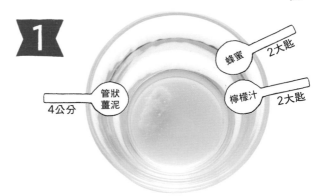

將管狀薑泥、蜂蜜、檸檬汁倒入玻璃杯，攪拌均勻。

薑汁汽水的重點
在於步驟1，
要徹底攪拌，
把管狀薑泥攪散。

倒入氣泡水，再稍微攪拌一下即可。

155

淋在冷凍炒飯上，會豪華得讓人誤以為是哪家餐廳的燴飯喔。

蛋白這樣用
食譜 4 選

蛋白燴飯

//////////// ////////////

材料　　人份　5分鐘

・蛋白…1顆份
・水…200毫升
・雞高湯粉…1小匙
・胡椒…2小把

・太白粉…1小匙
・水…1小匙
・珠蔥…2根
・麻油…1小匙
・白飯…1碗

1

雞高湯粉 1小匙
胡椒 2小把
水 200毫升
大火煮至沸騰

將水、雞高湯粉、胡椒倒入平底鍋，煮滾後關火。

2

蛋白

在關火的狀態下加入蛋白攪拌。

3

太白粉水
太白粉 1小匙
水 1小匙
小火

以等量的水調開太白粉，將太白粉水倒入鍋中，以小火煮至湯汁變稠。將芡汁淋在白飯上，再撒上用廚房剪刀剪的蔥花，最後淋上麻油。

蛋白有剩，就來煮味噌湯。

味噌蛋花湯

////// ////////////////////////

 **2** 人份　　 **8** 分鐘

材料

· 蛋白…2顆份
· 水…400毫升
· 日式高湯粉
　…4公克
　（小包裝1/2包）
· 味噌…1大匙

1

水 400毫升
↓
蛋白

大火 煮至沸騰 ✗

將水倒入鍋中，煮滾後關火，倒入蛋白攪拌。

2

味噌 1大匙　　日式高湯粉 4公克
小火

以小火加熱，同時倒入日式高湯粉與味噌，煮到化開為止。

> 沸騰後關火
> 再拌入蛋白，
> 就是讓蛋白的口感
> 變得蓬鬆柔嫩的訣竅。

蛋白這樣用
食譜 4 選

157

蓬鬆焦香的新口感，不知為何特別下酒呢。

蛋白這樣用
食譜 4 選

蛋白油煎納豆

//////////// ///////////////////////

🍴 **1** 人份　🕙 **10** 分鐘

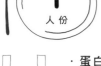
材料
· 蛋白…1顆份
· 納豆…1盒
· 橄欖油…1大匙
· 珠蔥…2根

1

將珠蔥切成蔥花。

2

蛋白
↓
納豆+醬汁

輕輕地攪拌至蛋白稍微起泡後，將納豆與附帶的醬汁一併倒入碗中，攪拌均勻。

3

橄欖油　1大匙

2

中火

在平底鍋倒入橄欖油，以中火熱油後倒入食材，煎到變色即可，盛盤後撒上1的珠蔥。

日本啊，這道料理正是蛋白的救世主……不好意思，我太得意忘形了。

蛋白可麗餅皮

//////////// ////////////////////////////

蛋白這樣用
食譜 4 選

材料

2 人份

10 分鐘

（以直徑26～28公分的
平底鍋製作3～4張）

· 蛋白…2顆份
· 低筋麵粉…3大匙
· 牛奶…100毫升
· 橄欖油…1大匙

【推薦的配料】
· 果醬
· 肉桂＆蜂蜜
· 鮪魚＆日式美乃滋
· 火腿或維也納香腸等

1

低筋麵粉

將低筋麵粉倒入缽內，以打蛋器或叉子均勻攪
散麵粉，直到沒有結塊為止。

2

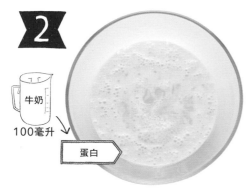

牛奶
100毫升

蛋白

逐量分次倒入牛奶，一邊攪拌食材。
接著倒入蛋白，繼續攪拌。

3

橄欖油 1大匙

2

小火
煎兩面

在平底鍋倒入橄欖油，以小火熱油的同時倒入2，形成薄
薄的一層麵糊，一面煎熟後，翻面煎另一面。

國家圖書館出版品預行編目資料

只看一眼就會煮:「免秤量」「免菜刀」「免剩食」
「免開火」,4 大類食譜任你挑!24 萬粉絲加持的
JOE 桑。圖解 103 道美味料理!/ JOE 桑。著;
許郁文譯 .-- 初版 .-- 新北市 : 遠足文化 , 2020.10
160 面 ; 18.2×23.8 公分 . -- (遠足飲食)
ISBN 978-986-508-072-3(平裝)

1. 食譜

427.1   109011716

日文版工作人員

內文設計 —— 坂川朱音 + 田中斐子(朱貓堂)
攝　　影 —— 松永直子
料理擺設 —— 水嶋千惠
烹調助手 —— 三好彌生、好美繪美、木下裕繪
Ｄ Ｔ Ｐ —— Office STRADA
拍攝協助 —— 平底鍋、鍋具
（WAHEI FREIZ）https://www.wahei.co.jp/

MENDO NA KOTO SHINAI UMASA KIWAMI RECIPE
GEKIRETSU OISHII STRESS NASHI 103PIN

©Joesan 2020

First published in Japan in 2020 by KADOKAWA CORPORATION, Tokyo. Complex Chinese
translation rights arranged with KADOKAWA CORPORATION, Tokyo through Keio Cultural
Enterprise Co., Ltd.

只看一眼就會煮

「免秤量」「免菜刀」「免剩食」「免開火」,
4 大類食譜任你挑! 24 萬粉絲加持的 JOE 桑。圖解 103 道美味料理!
めんどうなことしないうまさ極みレシピ 激烈美味しいストレスなし 103 品

作　　者 —— JOE 桑。
譯　　者 —— 許郁文
編　　輯 —— 林蔚儒
總 編 輯 —— 李進文
執 行 長 —— 陳蕙慧
行銷總監 —— 陳雅雯
行銷企劃 —— 尹子麟、余一霞、張宜倩
封面設計 —— 謝捲子
內文排版 —— 鄭佳容

社　　長 —— 郭重興
發行人兼
出版總監 —— 曾大福
出 版 者 —— 遠足文化事業股份有限公司
地　　址 —— 231 新北市新店區民權路 108-2 號 9 樓
電　　話 —— (02) 2218-1417
傳　　真 —— (02) 2218-0727
郵撥帳號 —— 19504465
客服專線 —— 0800-221-029
客服信箱 —— service@bookrep.com.tw
網　　址 —— https://www.bookrep.com.tw
臉書專頁 —— https://www.facebook.com/WalkersCulturalNo.1
法律顧問 —— 華洋法律事務所　蘇文生律師
印　　製 —— 呈靖彩藝有限公司

定　　價 —— 新臺幣 380 元

初版一刷　西元 2020 年 10 月
Printed in Taiwan
有著作權　侵害必究